农村科技口袋书

高效缓控释肥新产品和新技术

中国农村技术开发中心 编著

中国农业科学技术出版社

图书在版编目（CIP）数据

高效缓控释肥新产品和新技术 / 中国农村技术开发中心编著.—北京：中国农业科学技术出版社，2015.12

ISBN 978-7-5116-2382-9

Ⅰ．①高… Ⅱ．①中… Ⅲ．①长效肥料—研究②长效肥料—施肥—研究 Ⅳ．① S145.6

中国版本图书馆 CIP 数据核字（2015）第 280972 号

责任编辑	史咏竹　李　雪
责任校对	贾海霞

出　版	中国农业科学技术出版社
	北京市中关村南大街 12 号　邮编：100081
电　话	（010）82105169　82109707（编辑室）
	（010）82109702（发行部）　（010）82109709（读者服务部）
传　真	（010）82109707
网　址	http://www.castp.cn
经　销	各地新华书店
印　刷	北京富泰印刷有限责任公司
开　本	880 mm×1230 mm　1/64
印　张	3.625
字　数	112 千字
版　次	2015 年 12 月第 1 版　2015 年 12 月第 1 次印刷
定　价	9.80 元

编写人员

主　编：张　民　董　文　戴炳业

副主编：杨　力　王振忠　杨越超　王彦波

编　者：(按姓氏笔画排序)

丁方军　马　丽　王　淳　申天琳
宁堂原　吕晓晓　朱　强　刘之广
刘　备　刘登民　孙玲丽　李文庆
李永强　李成亮　李培强　时连辉
宋付朋　张　强　陆盘芳　陈士更
陈宏坤　陈宝成　陈剑秋　陈海宁
周　波　胡　斌　骆洪义　耿毓清
徐得泽　徐　振　高文胜　诸葛玉平
曹崇江　董元杰　程冬冬　焦树英
滕年军

前　言

　　为了充分发挥科技服务农业生产一线的作用，将先进适用的农业科技新技术及时有效地送到田间地头，更好地使"科技兴农"落到实处，中国农村技术开发中心在深入生产一线和专家座谈的基础上，紧紧围绕当前农业生产对先进适用技术的迫切需求，立足"国家科技支撑计划"等产生的最新科技成果，组织专家力量，精心编印了小巧轻便、便于携带、通俗实用的"农村科技口袋书"丛书。丛书筛选凝练了"国家科技支撑计划"农业项目实施取得的新技术，旨在方便广大科技特派员、种养大户、专业合作社和农民等利用现代农业科学知识，发展现代农业、增收致富和促进农业增产增效，为加快社会主义新农村建设和保证国家粮食安全做出贡献。

"农村科技口袋书"由来自农业生产、科研一线的专家、学者和科技管理人员共同编制，围绕着关系国计民生的重要农业生产领域，按年度开发形成系列丛书。书中所收录的技术均为新技术，成熟、实用、易操作、见效快，既能满足广大农民和科技特派员的需求，也有助于家庭农场、现代职业农民、种植养殖大户解决生产实际问题。

　　在丛书编制过程中，我们力求将复杂技术通俗化、图文化、公式化，并在不影响阅读的情况下，将书设计成口袋大小，既方便携带，又简洁实用，便于农民朋友随时随地查阅。但由于水平有限，不足之处在所难免，恳请批评指正。

编　者

2015 年 11 月

目　录

第一章　缓控释肥新产品

第二章　粮食作物缓控释肥施用新技术

第六章　蔬菜、瓜类缓控释肥施用新技术

第九章　缓控释肥应用新技术

第十章　缓控释肥鉴别的新方法

第一章

缓控释肥新产品

缓控释肥料是指以各种调控机制使其养分最初释放延缓，延长植物对其有效养分吸收利用的有效期，使其养分按照设定的释放率和释放期缓慢或控制释放的肥料。根据其生产过程，缓控释肥料主要有两个类型：①包膜肥料，是物理障碍性因素控制的水溶性肥料，通过造粒、包覆、涂层、负载等物理手段，减缓和控制养分的释放速率。养分组合方便，可实现多品种控释肥料的生产。②化成型微溶有机氮化合物，主要是尿素和醛类的缩合物—脲醛缓释肥料。

目前，国内外缓控释肥新产品主要包括：①包膜型控释肥新产品；②化成型脲醛类缓释肥新产品；③掺混型作物专用缓控释肥产品。

包膜型控释肥新产品

包膜肥料是指为改善肥料功效和（或）性能，在肥料颗粒表面涂以其他物质（聚合物和／或无机材料）薄层制成的肥料。根据包膜材料和包膜工艺的不同可分为以下 8 种类型。

热塑性树脂包膜控释肥

1. 包膜成分与工艺

热塑性树脂包膜控释肥是指将热塑性包膜材料（如聚烯烃）溶解于氯化烃中，在流化床反应器中喷涂在肥料颗粒上生产的包膜肥料。包膜过程中，肥料颗粒在悬浮条件下进行包膜，保证每个肥料颗粒涂膜均匀，提高了生产效率。通过室内肥料释放试验、盆栽与田间试验，用不同作物验证肥料效果。利用试验提供的信息，反馈指导改进工艺，然后摸索出最优的包膜工艺条件，为生产高质量的包膜控释肥提供了技术保障。

2. 产品性能

养分释放可通过将透水性差的聚乙烯与透水性较强的树脂（如 EVA）混合来控制，也可以通过在膜中添加矿物粉或淀粉来改进由温度控制的养分释放。通过改变聚乙烯和 EVA 的比例或改变添加矿物质粉末百分率，可提供很好的养分控制释放率和释放曲线的控释肥料。

热塑性树脂包膜控释肥产品

3. 主要特征

目前利用回收热塑性树脂和回收大棚膜材料，添加谷物粉、淀粉、矿物粉等，通过调节添加量，来调节释放率，可达到精准控释，成本低，仅为新原料的 1/3，因回收大棚膜已被阳光照射 1 年或多年，是比新树脂原料更易降解的膜材料，养分释放率也更容易控制。由于包膜控释肥的养分释放率和释放时期是根据作物生长和吸肥规律设计的，因此，一季作物或一茬作物只施用一次控释肥，即可满足作物整个生长季节的养分需求。

4. 应用范围

目前，这种热塑性树脂包膜控释肥产品在我国的生产能力已达 60 万吨 / 年以上，这种包膜控释肥由于控释性能优异，被广泛应用于园艺、苗圃、蔬菜、果树、花卉、草坪、高尔夫球场等。在我国由于生产成本和价格远低于国外同类产品，绝大多数包膜控释肥料是掺混在复混肥料或掺混肥料（BB 肥料）中，在控释肥料行业标准中又称为"部分控释肥料"，主要用于玉米、水稻、小麦、棉花、花生、马铃薯、果树、蔬菜等大田作物的农业种植中。

热固性树脂包膜控释肥

1. 包膜成分与工艺

热固性树脂包膜控释肥是在制备过程中使热固性有机聚合物作用在肥料颗粒上，由热固性的树脂交联形成的疏水聚合物膜。常用的树脂有两大类：第一类是醇酸类树脂，第二类聚氨酯类树脂。

聚氨酯类包膜是在肥料颗粒表面上直接以聚氰基与多元醇反应生成树脂包膜，这种包膜与其他树脂的区别在于聚异氰基与肥料芯反应（认为是反应层包膜肥料），形成了抗磨损的控释肥料。

2. 产品性能

热固性树脂包膜技术使多种颗粒状和球状颗粒的肥料产品形成包膜控释肥。这是通过改变膜的厚度和树脂成分来提供释放速率和释放模式都可人为控制的控释肥料。养分从这种产品中的释放主要依赖于温度变化。土壤水分含量、pH 值、干湿交替以及土壤生物活性等对养分释放几乎无影响。因此成为名副其实的"控释肥料"。

热固性树脂包膜控释肥产品

3. 主要特征与应用范围

采用热固性树脂表面原位反应快速固化成膜技术,无需溶剂、速度快、涂膜均匀、生产效率高,设备和工艺简便,投资少,能耗低。产品外观质量优,内在控释效果好。此类产品的特点是对温度敏感性高,温度升高时释放率会快速增加,更适用于花卉、盆栽、园艺植物和穴盘育苗等。

热固性树脂包膜控释肥用于蔬菜（辣椒）穴盘育苗

硫加树脂包膜控释肥

1. 包膜成分与工艺

硫黄加树脂双层包膜尿素（PSCU），是采用有机聚合物（热固性或热塑性树脂）在硫包衣尿素（SCU）外层上再包被一层较薄的与普通聚合物包膜控释肥相似的膜。

硫包衣尿素（SCU）是用熔化的硫黄包被预先加热的尿素颗粒而制备的。硫是低价的中量植物营养元素，在156℃时可以熔化，因此可以喷涂于尿素颗粒以及其他肥料颗粒表面作为包衣，SCU产品通常含有氮31%～38%。尿素包衣后，用密封剂（蜡）喷涂封住包膜上的裂缝，以减少硫包膜的生物降解，最后是第三个涂层（通常是硅镁土）作为调节剂。

2. 产品性能

硫包衣尿素（SCU）中氮的释放取决于膜的

质量。典型的 SCU 包含有 3 种类型的膜：①破损的、含有裂隙的膜；②损坏的膜含有被蜡封的裂隙；③厚和完整未损的膜。SCU 如仅含有破损的和有裂隙的膜，尿素将立即溶解于水中，被称为"毁灭性释放"。部分有着厚且完整膜的尿素释放较慢。SCU 的整个群体可能有 1/3 具有损坏含裂隙的膜，另外 1/3 是包膜厚而完整的。因此，有 1/3 的硫包膜尿素接触水以后立即释放出来，为"爆发性释放"，另有 1/3 可能在植物吸收养分的高峰期以后才能释放出来，为"滞后释放"。

3. 主要特征

硫包衣尿素（SCU）对土壤水分含量、干湿交替、生物活动和运输及施用过程中对膜的磨损都是非常敏感的。由于上述提到的种种原因，这种产品只能被看作是缓释（SRF）肥而不是控释肥（CRF）。为了改进硫包衣尿素的性能，在原硫包衣尿素外再包一层有机聚合物层，成为有机聚合物包膜的硫包衣尿素，又被称之为硫加树脂包膜尿素（PSCU）。

硫加树脂包膜尿素（PSCU）外加的聚合物膜也改进了原包膜的抗磨损性能，改进后产品表现出了较好的释放性能。此高分子膜仅占肥料质量的 0.3%～0.5%，成本增加低于 3%～5%，产品的防硫膜氧化、抗冲击和控释性能显著提高。

硫包衣尿素　硫加树脂包膜尿素　硫加树脂包膜控释肥

4. 应用范围

目前应用的 PSCU 和 SCU 占了包膜产品的较大部分，主要是由于它们被作为掺混肥（BBF）的原料，广泛地应用于非农业市场（如草坪、景观业）和大田作物上，尤其是在有效硫缺乏的土壤上，PSCU 不仅起到了对氮素养分的缓控释效果，而且硫膜在土壤中被氧化为硫酸根离子，可为作物提供硫素营养，矫正作物硫素缺乏症。

多层树脂复合包膜控释肥

1. 包膜成分与性能

多层树脂复合包膜控释肥是以热塑性树脂为内涂层、以热固性树脂为外涂层，以加热流化床包膜工艺进行技术组装，集成两类树脂膜的优点，实现了韧性与弹性的完美结合而加工生产的新型控释肥料。

多层树脂复合包膜控释肥产品

2. 主要特征

多层树脂复合包膜工艺可以节省30%总树脂用量，在降低成本20%的情况下，达到了更好的控释效果和外观质量。

3. 应用范围

多层树脂复合包膜控释肥新产品由于养分控释性能优异，可以作为种肥接触型控释肥，用于水稻、烟草、蔬菜、花卉等的育苗，已在蔬菜、果树、花卉、盆栽、草坪、园艺植物、水稻等作物上进行了试验与示范，取得了很好的试验效果，推广应用前景极为广阔。

多层复合树脂包膜控释肥用于水稻基质或土壤育苗

秸秆液化合成树脂包膜控释肥

1. 包膜成分与性能

秸秆液化改性树脂包膜控释肥是将农作物秸秆粉碎后与液化剂按照一定比例混合，在一定温度下，通过加入适量催化剂，首先完成秸秆液化物的制备，然后借鉴高分子材料改性的技术原理，通过将疏水性强的化合物嫁接到秸秆聚氨酯树脂上进行树脂膜的改性，大大提高了膜材的疏水性能，相同膜厚度的情况下大幅减缓了养分的释放，提高了养分控释效果，从而减少了膜材用量，降低控释肥生产成本；将农作物秸秆液化改性的树脂材料喷涂到肥料颗粒上直接反应固化成膜，从而得到控释性能优异的秸秆液化改性树脂包膜控释肥料。

作物秸秆液化树脂包膜控释尿素、磷酸二铵、氯化钾

　　基于本技术生产的包膜控释肥，不仅具有精确的养分控释性能，而且具备更强的生物降解性。本技术利用了废弃的可再生植物生物质资源——农作物秸秆作为膜材料，减少了包膜材料对石化资源的依赖。相关产品价格低廉、制备工艺简便、无需溶剂，非常适合大规模产业化生产和在各种作物上大面积推广。

　　2. 主要特征

　　本技术的优点在于：①农作物秸秆来源广泛、成本低廉、资源可再生、生态环保；②生产工艺简便、能耗低、生产效率高；③养分控释效果好、产品质量高、膜材料更易于在土壤中降解，易于大面积推广应用。

　　3. 应用范围

　　对研制的作物秸秆液化树脂包膜控释肥新产

品在山东、河南、河北、黑龙江、吉林等省的玉米、小麦、水稻、棉花、马铃薯、苹果、大蒜等作物上进行了试验与示范和推广，取得了显著的增产、节肥、省工、增效、减少面源污染的经济、社会和生态效益。

植物油改性树脂包膜控释肥

1. 包膜成分与性能

植物油改性树脂包膜控释肥是将大豆油、桐油、亚麻油等植物油在催化剂的作用下进行醇解，然后与合成的辛基酚醛缩合物反应合成植物油改性酚醛树脂，用此树脂对颗粒肥料进行包膜制备出植物油改性树脂包膜控释肥料。

植物油改性树脂包膜控释尿素、控释复合肥

2. 主要特征

大豆油的醇解对醇解量的添加、醇解剂、醇

解温度、醇解催化剂的选择等方面的研究表明，将醇解剂定位在季戊四醇，醇解催化剂选定为氢氧化锂，并最终确定了醇解温度和原料用量，最终得到适合醇解容忍度的醇解大豆油。进而对酚醛树脂进行改性，最终得到了便于使用，易于控制的大豆油改性酚醛树脂。基于本技术生产的包膜控释肥，可根据包膜材料的用量调节包膜的厚度，从而可以精确的控释养分的释放率和释放期。

3. 应用范围

应用于园艺、苗圃、蔬菜、果树、花卉、草坪、高尔夫球场等；也可掺混在复混肥料或掺混在掺混肥料（BB 肥料）中，主要用于玉米、水稻、小麦、棉花、花生、马铃薯、果树、蔬菜等大田作物的农业种植中。

改性水基聚合物包膜控释肥

1. 包膜成分与性能

改性水基聚合物包膜控释肥料是采用生物碳、三聚氰胺等对水基聚丙烯酸酯乳液进行改性，提高膜材料的控释性能，从而生产出的改性水基聚合物包膜控释肥料。

改性水基聚合物包膜肥料养分释放前（左）后（右）对比

2. 主要特征

由于水基聚合物形成的膜强度不足、耐水性较差等问题而限制了其大规模生产和应用。采用生物碳、三聚氰胺等对水基聚丙烯酸酯乳液进行改性，以期提高膜材料的控释性能。结果表明，添加一定量的生物碳等改性添加剂能够有效地改善原水基聚丙烯酸酯膜材料的疏水性及力学性质，进而有效地减小养分释放速率，有效延长包膜尿素的控释期。

3. 应用范围

应用于园艺、苗圃、蔬菜、果树、花卉、草坪、高尔夫球场等；利用改性水基聚合物包膜控释肥料研制出专用控释BB肥产品，在水稻、玉米上进行的示范和应用结果表明，与常规肥料相比，粮食产量增加10%以上，养分利用率提高了

30% 以上，减少了养分挥发和流失对农业的面源污染，具有显著的经济、社会和生态效益，因此也可用于大田农作物。

种肥接触型育苗用包膜控释肥

种肥接触型控释氮肥是在水稻播种或育苗时，能够直接与种子接触施用的一类控释氮肥；种肥接触育苗是将种子与肥料直接接触的育苗技术；全量施用技术是将作物整个生育期内所需的肥料一次性施用的技术。

1. 成分与性能

种肥接触型育苗用包膜控释肥是采用分层包膜养分精准控释技术，在内层包膜的材料内加入混合开孔剂材料（加快释放），而外层包膜中采用疏水性较强的包膜材料（减缓前期养分释放），这样可以延长水分进入外层的时间，而水分一旦进入内层膜后，开孔剂就会发生作用，养分就可快速释放。

2. 主要特征

将大量的控释氮肥与水稻种子接触在育苗盘内育苗时，土肥重量比例接近 2∶1，在如此少的育苗土和大量的控释氮肥中水稻种子能否正常萌发、苗期能否健壮生长取决于包膜控释肥的质量和养分释放特征、水稻育苗用控释氮肥应同时满足下列 3 个要求：①在 25℃水中，40 天内的氮素养分累积释放率应控制在 1%～2.5%；②40 天后应能加速释放；③在 150 天内氮素养分累积释放率应超过 85%。

3. 应用范围

大田试验和池栽试验的结果表明，种肥接触型控释氮肥在育苗时与种子接触一次性全量施用，与常规使用尿素的处理相比，施氮量在减少1/3～1/2 的条件下，施用控释氮肥的水稻仍可显著增产；氮素挥发、淋失分别只有常规施肥处理的 1/10～1/5，氮肥利用率可提高 50% 以上，取得了良好的试验、示范和推广效果，具有显著的经济、社会和生态效益。

种肥接触型包膜控释尿素的田间试验、示范和推广

化成型缓释肥新产品

脲甲醛（UF）

1. 成分与性能

脲甲醛（代号 UF），含氮 37%～40%，是最常见的作为缓释氮肥的有机氮化合物，是在控制 pH 值、温度、尿素与甲醛比例和反应时间的条件下通过过量尿素与甲醛 [尿素与甲醛的摩尔比（U∶F）在 1.2～1.9] 的反应而制备的。其主要成分为直键甲撑脲的聚合物，含脲分子 2～6 个，白色粉状或粒状，其溶解度与直键长度呈反比。

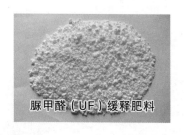

脲甲醛（UF）缓释肥料

产品是由含分子量不等的单羟甲基脲、二羟甲基脲（DMU）甲叉尿素等的二聚物和低聚体组成的混合物。碱催化缩合形成的主要是水溶性产品（如羟甲基尿素、单甲叉尿素等）。在这些混合物中加酸则产生缩合链较长、水溶性较低的低聚体，链越长氮的释放就越慢。

为了提供脲甲醛产品 N 释放率的标准，将此化合物分成 3 种组分：①冷水溶解组分氮（CWSN 25℃），主要有尿素、二聚物和短链聚合物，该组分中的氮可认为是速效到缓效；②热水溶解组分氮（HWSN 100℃），为甲叉尿素和中等链长聚合物，该组分中的 N 可缓慢释放到土壤中；③热水不溶组分（HWIN）为甲叉尿素和长链聚合物，在土壤中分解极慢，该组分 N 在土壤中无活性。

2. 主要特征

脲醛肥料的分解主要是由于生物的作用，氮的释放强烈依赖于土壤性质的变化（如生物活性、黏粒含量、pH 值）和外界条件（如水分含量、干湿状况和温度等）。另外在很多情况下，低分子量脲醛部分提供的尿素的比例在作物生长前期超过了作物所需要的量，然而高分子量部分提供尿素又太慢。这个事实可能是在缓释（SRFs）和控释肥（CRFs）中，有机氮化合物缓释肥的需求量在世界范围内不断降低，而同时包膜肥料的量却稳步增加的主要原因。

3. 应用范围

此类肥料目前主要用于草坪和园艺作物，另外作为缓释氮和黏合剂用于复合肥料的造粒，成为脲醛复合肥料。

异丁叉二脲（IBDU）

1. 成分与性能

异丁叉二脲（又名脲异丁醛，代号IBDU），含氮为30%～32%，是尿素与异丁醛（液体）在酸催化下的缩合产物。同脲甲醛与尿素的缩合反应生成许多不同链长的聚合物相比，异丁醛与尿素反应仅形成单一的低聚物。异丁叉二脲是白色粉状或颗粒状，理论上含氮量为32.18%，其中90%是冷水不溶解组分（磨碎前）。

异丁叉二脲（IBDU）缓释肥料

2. 主要特征

施入土壤后，在微生物作用下可水解为异丁醛与尿素，并进一步转化为铵离子直至转化成硝酸根。氮的释放速度是颗粒大小（颗粒越细氮释放越快）、温度、湿度和 pH 值的函数。

3. 应用范围

脲异丁醛具有生产原料廉价易得、无残毒的特点，可与尿素、磷酸氢二铵、氯化钾等化肥混施，因而是一种有发展前途的缓释氮肥。对于草皮和农作物的反应及安全界限是良好的。然而，有时也发现在温室中施用量较大时对作物有毒害作用。

丁烯叉二脲（CDU）

1. 成分与性能

丁烯叉二脲（又名脲乙醛、丁烯酰环脲，代号 CDU），含氮为 28% ～ 32%，丁烯叉二脲是由乙醛缩合为丁烯叉醛，在酸性条件下与尿素缩合而成的异环化合物。该产品为淡黄色或白色粉状，熔点为 259 ～ 260℃。

丁烯叉二脲是在水解和生物降解作用下释放氮，释放率受产品颗粒大小、土壤温度、水分和 pH 值的影响，其颗粒大小对氮释放的速度影响很大（颗粒越大，释放越慢）。

丁烯叉二脲（CDU）缓释肥料

2. 主要特征

丁烯叉二脲施入土壤后，分解为尿素和ß-羟基丁醛，尿素经水解或直接被植物吸收利用，而ß-羟基丁醛则分解为二氧化碳和水，无毒素残留。

丁烯叉二脲在土壤中的溶解度与土壤温度和pH值有关，随着温度升高和酸度的增大，其溶解度增大。因此，更适用于酸性土壤。

3. 应用范围

丁烯叉二脲可做基肥一次大量施用。当土温为20℃时，施入土壤70天后有比较稳定的有效氮释放率，因此，施于牧草或观赏草坪肥效较好。如用于速生型作物，应配合速效氮肥施用。在日本和欧洲，丁烯叉二脲主要应用于草皮和特产农业中，典型的应用是配入到NPK颗粒肥料中。

掺混型作物专用缓控释肥产品

在中国绝大多数包膜缓控释肥料是按照一定的比例均匀地掺混在复合肥料或掺混在掺混肥料（BB 肥料）中，在缓释肥料国家标准中又被称为"部分缓释肥料"，在控释肥料行业标准中又被称为"部分控释肥料"。

掺混控氮型缓控释肥

1. 成分与性能

掺混控氮型缓控释肥是指将缓控释氮肥掺混在肥料中的各种作物控氮型专用肥。目前在中国缓控释氮肥绝大多数是聚合物包膜尿素和硫加树脂包膜尿素，将包膜控释尿素按照一定的比例均匀地掺混在复合肥料或掺混肥料（BB 肥料）中，在控释肥料行业标准中又被称为"部分控释肥料"。

2. 应用范围

主要用于玉米、水稻、小麦、棉花、花生等的农业种植中。当然，也广泛应用于园艺、苗圃、蔬菜、果树、花卉、草坪、高尔夫球场等。

掺混控氮型缓控释肥（树脂包膜、硫加树脂包膜
控释尿素掺混肥）

掺混控氮钾型缓控释肥

1. 成分与性能

掺混控氮钾型缓控释肥是指将缓控释氮肥、缓控释钾肥或缓控释氮钾肥掺混在肥料中的各种作物控氮钾型专用肥。目前大多数作物上应用的缓控释专用掺混肥是掺混控氮型缓控释肥，但有些作物像烟草、棉花、马铃薯、甘薯等在生育后期需钾较多的作物，高产条件下需要在生育中后期追施钾肥，因此，在采用缓控释肥一次基施时，需要在掺混控释氮肥的同时掺混一定比例的控释钾肥，即掺混控氮钾型缓控释肥。

2. 应用范围

适用与像烟草、棉花、马铃薯、甘薯等在生育后期需钾较多的作物，也特别适用于苹果、柑橘、香蕉、油棕和需钾较多的果树作物等。

掺混控氮钾型缓控释肥

掺混控氮磷钾型缓控释肥

1. 成分与性能

掺混控氮磷钾型缓控释肥是指将缓控释氮肥、缓控释磷肥、缓控释钾肥或缓控释氮磷钾复合肥掺混在肥料中的各种作物控氮磷钾型专用肥。

2. 应用范围

这种控释肥特别适用于盆栽植物、苗圃、基质栽培的蔬菜作物等，也广泛应用于园艺、蔬菜、果树、花卉、草坪、高尔夫球场等。当然，也可用于玉米、水稻、棉花、小麦、花生等的农业种植中。然而，控释养分的数量越多，所占的比例越大，生产成本和价格也就越高，在选用时还需考虑产投比和经济效益等。

掺混控氮磷钾型缓控释肥

第二章
粮食作物缓控释肥施用新技术

小麦缓控释肥施用技术

施肥量

小麦亩产（1亩≈667平方米，全书同）300千克时，每生产100千克小麦需要吸收氮3.0～3.5千克、五氧化二磷1.0～1.5千克、氧化钾2.0～4.0千克，三者的比例约为1.0∶0.3∶1.0；亩产500千克小麦时，吸收氮18～20千克、五氧化二磷7～8千克、氧化钾25～27千克，三者的比例约为1.0∶0.4∶1.3。说明随着小麦产量的提高，小麦对磷、钾的吸收量有明显增加的趋势。因此高产小麦更应重视施用磷肥、钾肥，需要说明的是吸收量往往与施用量不同，一般土壤中的钾含量相对比较丰富，施用量一般小于吸收量，其他作物也有类似的趋势。

施用时间

目前，高产或超高产小麦多采用"三促一控"的施肥方法，即基肥、拔节肥、开花灌浆肥要促，而返青肥要控。

施足基肥，"麦收胎里富，底肥是基础"，高产麦田应亩施优质有机肥 3 000 千克左右，高浓度三元复合肥 30～40 千克，或尿素 10～15 千克、过磷酸钙 30～50 千克、氯化钾 20 千克，并施用适量的微量元素肥料。

重施拔节期，应将氮肥全部用量的 50%～55% 追施，一般每亩追施尿素 20～30 千克。群体过大（每亩分蘖超过 100 万株）的麦田可适当推迟追肥期，以加速小分蘖死亡，保证大分蘖成穗，但追肥量不能减少。

开花灌浆肥，要少施或不施氮肥，补充磷肥。一般采用根外追肥的方法，每亩可用 1～2 千克磷酸二氢钾叶面喷施，喷施浓度为 0.2%，也可加入适量锌、锰等微量元素。

高产小麦要改施返青肥为不施，这样可以更好地巩固冬前大分蘖，控制春季无效分蘖，保持群体稳健发展。此时期注意松土保墒，提高地温，并对群体过大的麦田进行深锄和镇压。

施肥方式

施用的小麦专用缓控释肥料通常是将包膜缓控释尿素掺混在复合肥或 BB 肥料中生产的控氮型小麦专用掺混肥，控释氮应占肥料总氮量的约 50%，控释期在 25℃静水中测定为 80 天左右。可以一次性施入，即作为基肥施入，最佳的施肥方式是"种肥同播"，免除返青肥、拔节肥、开花灌浆肥等的施用。高产麦田在亩施优质有机肥3 000千克的基础上，一次性施入高浓度小麦专用缓控释肥料40～45千克，并根据微量元素的缺乏情况，同时加入相应的微量元素，或直接选用加入微量元素的缓控释肥料。若年后苗情偏弱，可在小麦返青至拔节期酌情追施氮素化肥，每亩追施尿素10千克左右。也可施用缓控释尿素，配合适量的磷肥、钾肥，一次性施入。

增产效果

河南省农业科学院植物营养与资源环境所在河南省驻马店市驿城区新坡村、驻马店市农业科学研究所的试验站进行了小麦缓控释尿素（CRU）不同用量和缓控释BB肥试验。结果表明，缓控释尿素100%优于普通尿素（PU），分别增产12.0%和11.6%，缓控释尿素70%分别增产8.0%和8.5%。掺混缓控释肥（CRBBF）与普通掺混肥（PCF）比较，分别增产6.1%和6.4%。减量比较，即缓控释尿素70%与普通尿素100%比较，两个点的产量相当，表明施用缓控释尿素可以减少氮肥用量30%。

注意事项

①控氮型小麦专用掺混肥的控释氮肥控释期应在25℃静水中测定为80天左右，在小麦生育期内的土壤中释放期约7～8个月。②小麦专用缓控释肥作为基肥一次性施入，须采用"种肥同播"方式条施，深施在种子的下方或侧下方10～15厘米的深度，避免撒施或施肥深度太浅。

玉米缓控释肥施用技术

施肥量

通常每生产 100 千克玉米籽粒需要吸收氮 2.18～3.01 千克、五氧化二磷 0.88～1.33 千克、氧化钾 2.41～2.50 千克,平均吸收氮 2.68 千克、五氧化二磷 1.11 千克、氧化钾 2.45 千克。缺钾的土壤,钾肥用量可取 2.5 千克,一般田 2.0 千克。玉米对锌肥反应良好,每亩可施用 1 千克硫酸锌。高产玉米田一般亩施有机肥 3 000～4 000 千克,高浓度玉米专用复合肥 40～50 千克。

施用时间

施用普通速效肥料除施用基肥或种肥外,再追施苗肥、穗肥和粒肥,其中穗肥(一般于大喇叭口期)施用量最大,约占全部追肥量的 50%。

施肥方式

玉米专用缓控释肥多为高浓度复合肥或掺混肥(BBF)中掺混包膜控释尿素所生产的控氮型玉米专用掺混肥,控释氮应占肥料总氮量的

50% ～ 70%，控释期在 25℃静水中测定为 90 天左右。亩产 600 千克以上的玉米田，在施用适量有机肥的情况下，亩施 45 千克左右即可。由于缓控释肥有效提高了肥料的利用率，玉米专用缓控释掺混肥中的氮素用量可按照普通复合肥总氮素用量的 70% ～ 80% 施用，磷肥、钾肥用量应与普通复合肥相同，最佳的施肥方式是"种肥同播"，作为基肥一次性施入。

增产效果

中国农科院土壤肥料研究所等单位在河南省驻马店市驿城区新坡村进行了缓控释尿素夏玉米试验。结果表明，缓控释尿素 100%、70%、50% 的处理，分别比相对应的等氮量普通尿素 100%、70%、50% 的处理增产 8.0%、5.2% 和 2.7%。经统计，达到 5% 的显著性水平，说明氮素同等用量时缓控释尿素增产效果显著。同时试验还表明，普通尿素 100% 和缓控释尿素 70% 的产量差异不显著，说明缓控释尿素用量减少 1/3 时，夏玉米的产量不减少，同时节省了追肥的用工。也就是说，在本试验条件下，施用缓控释尿素施肥量减少 1/3。与 2006 年吉林省公主岭市春玉米的试验结果大致相同，缓控释尿素 100%、70%、50% 比等量的普通尿素增产 5.2% ～ 9.3%。

注意事项

①玉米专用缓控释肥作为基肥一次性施入，须采用"种肥同播"方式条施、深施在种子的下方或侧下方 10 ～ 15 厘米的深度，避免撒施或施肥深度太浅。②作为种肥时应注意种与肥适当隔离，防止烧种、烧苗。

水稻缓控释肥施用技术

施肥时间及用量

亩产 500 千克稻谷，需要吸收氮 8.1 ～ 12.7 千克、五氧化二磷 3.8 ～ 5.8 千克、氧化钾 10.5 ～ 15.1 千克，三要素的比例约为 1.0∶0.5∶1.2，说明高产水稻吸收最多的是钾素。随着产量的提高，水稻吸收的氮量下降，而磷和钾的比例提高，同时微量元素的量也提高。基肥一般亩施有机肥 1 500 ～ 2 000 千克，尿素 20 千克，过磷酸钙 45 ～ 50 千克，氯化钾 20 ～ 30 千克。分蘖肥在返青后追施，亩施尿素 7 ～ 9 千克。幼穗形成期施用穗肥增产效果显著，一般于抽穗前 20 ～ 25 天亩施尿素 5 千克。此期若水稻长势健壮，也可以不追施穗肥。在齐穗期至抽穗后 10 天内追施粒肥，亩施 6 ～ 8 千克。粒肥还可以结合根外追肥施用，尿素的施用浓度为 2%，过磷酸钙为 1% ～ 2%，磷酸二氢钾为 0.3% ～ 0.5%。

施肥方式

水稻专用缓控释肥多为复合肥或掺混肥（BBF）

中掺混包膜控释尿素所生产的控氮型水稻专用掺混肥，控释氮应占肥料总氮量的50%～70%，控释期在25℃静水中测定为110天左右，亩产600千克以上的水稻田，在施用适量有机肥的情况下，亩施50千克左右即可。

增产效果

由中国农业科学院土壤肥料研究所组织在黑龙江省庆安县良种场和绥棱县后头镇进行的水稻专用缓控释尿素和缓控释BB肥试验和示范的结果表明，等氮量比较，缓控释尿素好于普通尿素，缓控释尿素100%、70%比等氮量的普通尿素分别增产8.8%和12.9%。缓控释BB肥的增产效果十分明显，比等养分量的普通BB肥增产19.5%。缓控释尿素与普通尿素配合施用可进一步提高增产效果，其中缓控释尿素30%＋普通尿素70%比普通尿素100%增产16.5%，比缓控释尿素100%增产11.3%。示范结果表明，缓控释BB肥比普通BB肥增产8.5%，缓控释尿素70%＋普通尿素30%比普通尿素100%增产9.0%，这些结果与试验结果大致相同。

注意事项

①控氮型水稻专用掺混肥的控释氮量应占肥料总氮量的50%～70%。②插秧前在水面上撒施时，注意防止包膜肥料的漂浮和随风漂移，须选择防漂浮型的包膜控释肥，并及时磨田将包膜肥料压入土壤中。

马铃薯缓控释肥施用技术

施肥时间及用量

每生产 1 000 千克薯块约吸收氮 3.4 千克、五氧化二磷 1.3 千克、氧化钾 9.2 千克。可见马铃薯对钾素的吸收量最大，氮次之，磷最少，因此称马铃薯为喜钾作物。

施足基肥对马铃薯的产量和品质有重要影响，一般亩施优质有机肥 5 000 千克，撒施后耕翻整地，亩施高浓度三元复合肥 60 ~ 70 千克，播种时可再穴施或沟施适量种肥。

马铃薯追肥要早，以防生育中后期茎叶徒长，影响产量和品质。一般在发棵期追施尿素总用量的 50%，后期不再追施氮肥。发棵后结合培土可追施一次钾肥，亩施硫酸钾 20 千克左右，施肥培土后浇水，促进植株生长，以后不再追肥。

施肥方式

马铃薯专用缓控释肥料通常采用将硫加树脂包膜尿素或 / 和树脂包膜尿素，掺混在高钾型复混肥或 BB 肥中生产的控氮型掺混肥，也可在加入包膜控释尿素的同时加入一定比例的包膜控释硝酸钾或包膜控释氯化钾，生产出控氮、钾型专用控释掺混肥。虽然马铃薯是对氯敏感的作物，但包膜控释氯化钾施入土壤后，钾和氯离子会缓慢的释放出来，不会造成土壤中大量氯离子积累，造成盐害，然而氯离子是植物必需的营养元素，适量氯离子存在于土壤中有利于作物的健康生长。马铃薯专用缓控释肥施用方便，一般与基肥一起施入，亩施 50～80 千克，以后不再追肥。不仅减少了施用次数，而且还能增加产量和改善品质。施用缓控释尿素也有很好的效果，可于播种时一次性施入普通尿素总氮量的 70%，另加充足的磷、钾肥。

增产效果

田间小区试验表明，缓控释磷肥可增强马铃薯对磷素的吸收。控氮型专用控释掺混肥 50% 的用量达到了普通复合肥全量施用的效果。磷肥的当季利用率得到了有效提高，低磷缓控释复合肥处理的磷当季利用率比普通复合肥增加了 32%，达到 44.4%；高磷缓控释复合肥处理的磷当季的利用率比普通复合肥增加了 35%，达到 48.7%。

在马铃薯上进行的控释钾肥的试验结果表

明，包膜控释氯化钾处理的产量较普通硫酸钾和氯化钾处理有显著提高，产量最高的中量包膜氯化钾处理（CRK2）比硫酸钾处理提高了 6.04%～51.88%，比氯化钾处理提高了 17.53%～44.11%；高量包膜氯化钾处理（CRK3）比硫酸钾处理产量提高了 7.2%～18.84%，比氯化钾处理提高了 8.03%～12.76%；低量包膜氯化钾处理（CRK1）比硫酸钾处理产量提高了 4.03%～37.45%，比氯化钾处理提高了 6.36%～30.41%。同时包膜氯化钾还显著提高马铃薯大中薯率、维生素 C 含量等品质指标，显著提高了肥料钾素利用率。因此，可以用包膜氯化钾替代普通硫酸钾在马铃薯生产中大量应用，既能增加产量又能保障马铃薯品质，从而获得更高的钾肥利用率和经济效益。

注意事项

①马铃薯是对氯敏感的作物，过量施用含氯肥料会严重影响淀粉的质量，不宜施用含氯复合肥或氯化钾等肥料，应施用硫酸钾型复合肥或硫酸钾化肥，但可施用包膜控释氯化钾。②专用缓控释肥作为基肥一次性施入，条施、深施在种薯的下方或侧下方 10 厘米的深度，避免撒施或施肥深度太浅。

甘薯缓控释肥施用技术

施肥时间及用量

每生产 1 000 千克鲜薯,需吸收氮 3.93 千克、五氧化二磷 1.07 千克、氧化钾 6.20 千克。为了达到用地与养地相结合的目的,生产上的施用量往往大于吸收量,一般亩产 3 500 千克鲜薯,每亩应施纯氮 15 千克、五氧化二磷 10 千克、氧化钾 20 千克;亩产 5 000 千克鲜薯,每亩应施有机肥 3 000 千克、纯氮 20 千克、五氧化二磷 15 千克、氧化钾 25～30 千克。要施足基肥,用量应占总施肥量的 80% 以上,甘薯的根系多集中在 25～30 厘米的土层内,基肥要尽量施到耕层内,以利于根系吸收利用,提高肥料利用率。磷肥要施在甘薯根系的分布层内。钾肥可以全部用作基肥。

施肥方式

甘薯专用缓控释肥多为高钾型高浓度复混肥中掺混控释氮肥(包膜控释尿素)、控释钾肥(包膜控释氯化钾)或缓控释氮钾肥而生产的控氮钾型甘薯专用肥。一般在甘薯移栽前一次性施入栽植沟底部，然后移栽。在施用适量有机肥的情况下亩施缓控释肥 35～40 千克，以后不再追肥。方法简单易行，省工、省肥、效果好。如果施用缓控释包膜尿素，需配合磷肥、钾肥或复合肥。

增产效果

甘薯专用缓控释肥料通常采用硫加树脂包膜尿素或 / 和树脂包膜尿素掺混在高钾型复混肥或 BB 肥中，也可加入包膜硝酸钾或包膜氯化钾；控氮钾型甘薯专用肥已在春甘薯和夏甘薯上进行了试验与示范，并在生产中获得了明显的增产效果。

谷子缓控释肥施用技术

施肥时间及用量

谷子是比较耐旱、耐瘠薄的作物，但谷子要高产，还要合理施肥，以满足其对营养的需求。谷子吸收钾最多，氮次之，磷最少。生产上谷子产量不高的主要原因是施肥量不足、三要素比例不当。谷子各生育阶段的吸肥规律是：出苗至分蘖期吸收的氮占全生育期总吸收氮量的 3.4%，磷占 1.6%，钾占 3.9%；拔节孕穗期氮的吸收量占总吸收氮量的 25.9%，磷占 38%，钾占 37.8%；灌浆至成熟期氮的吸收量占全生育期总吸收氮量的 50%，磷占 40%，钾占 50% 左右。所以谷子除施足基肥外，还要追施苗肥、发棵肥和穗肥。高产谷子一般亩施有机肥 2 000 ～ 3 000 千克，配合过磷酸钙 15 千克、硫酸钾 10 ～ 15 千克，结合耕地施入。谷子追肥以速效氮肥为主，根据谷子的长势长相，可于苗期、孕穗期、灌浆期分别追施尿素 5 ～ 9 千克。谷子灌浆至成熟前可以根外追肥，可喷施磷酸二氢钾溶液，浓度为 0.3% ～ 0.5%，每隔 7 天喷一次，连喷 2 ～ 3 次，增产效果显著。

施肥方式

缓控释肥生产厂家可以根据各地的测土结果配制谷子专用缓控释肥，一般亩施 30 千克左右，作为基肥一次性施入，也可作为种肥一次施入，但要肥、种隔离，防止烧种、烧苗。一般不追肥，若谷子长势偏弱，可于抽穗前追施 5～10 千克尿素。也可用缓控释尿素，与磷、钾肥配合施用。

增产效果

试验表明，施用缓控释肥与施用养分含量相同的普通复合肥比较，前者谷子的长势强，植株健壮青绿、谷穗大而长，籽粒饱满。在相对干旱的情况下，缓控释肥的效果更好，一般比施用普通复合肥每亩增产 100 千克左右。

高粱缓控释肥施用技术

施肥时间及用量

高粱吸收氮和钾比较多，磷较少，施肥一般采用基肥和追肥相结合的施肥方法。基肥在亩施2 000～2 500千克有机肥的基础上，施用高浓度专用复合肥25～30千克。在拔节期和挑旗期追肥，拔节期追施尿素10千克，挑旗期追施尿素5千克。

施肥方式

若施用高粱专用缓控释肥一般采用控氮型或控氮钾型缓控释掺混肥，每亩用40千克作为基肥或种肥施入。作为种肥时，注意种、肥隔离，一般不用追肥即可实现高粱高产。单施缓控释尿素时，注意配合施用磷、钾肥。

增产效果

高粱缓控释肥试验表明，缓控释肥促进了高粱的生长发育，有效地提高了高粱的穗粒数和千粒重，增加产量15%。试验还表明，在相对干旱的情况下，效果比普通复合肥更好。

第三章
油料作物缓控释肥施用新技术

花生缓控释肥施用技术

施肥时间及用量

花生高产田亩产500千克荚果，按照氮减半、磷加倍、钾全量的原则进行配方施肥。在亩施4 000千克有机肥的基础上，施尿素12千克、过磷酸钙60千克、硫酸钾15千克，或复合肥34千克，另加适量的磷肥、铁肥、钼肥。中低产田按照氮、钾全量，磷加倍的原则进行配方施肥。

花生对氮、磷、钾的吸收高峰均在花针期，应重施基肥。花生对铁敏感，黄泛平原的石灰性潮土和砂姜黑土普遍缺铁，要注意施用铁肥。此外，花生接种根瘤菌有良好的效果，生产上可酌情应用。

施肥方式

施用花生专用缓控释肥可采用控氮型或控氮磷钾型缓控释掺混肥，根据地力和产量目标，高产花生一般亩施35～45千克，作为基肥一次施入，也可以作为种肥开沟施入，注意种、肥隔离，以免烧种、烧苗。

增产效果

安徽省农业科学院土壤肥料研究所在肥东县花生原种场进行了缓控释尿素不同施用量的试验。结果表明，缓控释尿素与普通尿素等氮量比较，硫加树脂包膜缓控释尿素（SPCU）100%和树脂包膜缓控释尿素（PCU）100%分别比普通尿素增产15.6%和13.0%，硫加树脂包膜缓控释尿素70%和树脂包膜缓控释尿素70%分别比普通尿素（PU）增产9.7%和23.1%。缓控释尿素减量30%与普通尿素100%比较，其中树脂包膜缓控释尿素增产20.7%。不同掺混比例的试验表明，缓控释尿素与普通尿素掺混施用，比缓控释尿素单独施用的效果更好，其中缓控释尿素30%＋普通尿素70%的产量最高，比缓控释尿素100%增产9.7%；其次为缓控释尿素50%＋普通尿素50%，比缓控释尿素100%增产7.4%。同时，缓控释掺混肥比普通掺混肥增产14.3%。

油菜缓控释肥施用技术

施肥时间及用量

高产或超高产油菜田每亩应施氮 16.0 ～ 17.5 千克、五氧化二磷和氧化钾各 7.5 千克。油菜田施肥应做到基肥、种肥、追肥相结合，基肥一般亩施有机肥 3 000 ～ 4 000 千克，适量配合磷、钾肥和硼肥，基肥占施肥总量的 40% ～ 50%，其中钾肥和硼肥全部作为基肥，硼肥亩施 1 千克，磷肥 60% ～ 70% 作基肥，氮肥 40% 作基肥。种肥施用适量的氮肥、磷肥，占施肥总量的 10% 左右。追肥一般分 3 次，即苗肥、腊肥和蕾肥。油菜生长发育过程中，酌情喷施氮肥、磷肥、钾肥、硼肥和锌肥。

施肥方式

从缓控释肥的应用情况看，每亩施用油菜专用缓控释肥 40 千克左右为宜，超高产油菜田适当增加用量，中低产油菜田适当减少用量，最好作为基肥或种肥一次性施入。施用缓控释尿素可以减少氮肥的用量，要注意与其他营养元素配合施用，可以获得更好的增产增收效果。

增产效果

安徽省农业科学院土壤肥料研究所的研究表明，油菜施用专用缓控释复合肥比普通复合肥增产 5.84%，差异显著。在氮肥用量试验中，树脂包膜缓控释尿素 70% 用量的条件下，依然比普通尿素 100% 增产。掺混比例试验中，树脂包膜缓控释尿素 70% + 普通尿素 30% 配合施用，油菜产量和氮肥利用率最高，油菜增产和减少氮肥用量表现最佳。

大豆缓控释肥施用技术

施肥时间及用量

高产大豆田施肥应做到基肥与追肥并重，基肥以有机肥为主，一般亩施 2 000 ～ 3 000 千克，配合施用尿素 10 千克、过磷酸钙 30 千克、硫酸钾 20 千克。缺硼和钼的地区，施用硼砂和钼酸铵，作基肥或种肥。夏大豆花期需要追肥，一般亩施尿素 10 ～ 15 千克，或以高氮为主的三元复合肥 25 千克左右。大豆生长中后期，可根据植株长相和需要进行根外追肥，可用 2% 的尿素溶液或 0.3% ～ 0.5% 的磷酸二氢钾溶液。叶面喷施最好在阴天或晴天下午进行，喷施在叶片背面比正面的利用率高，喷施后 2 ～ 4 小时即可被植株吸收利用。我国东北地区春大豆产区，土壤比较肥沃，施肥量一般比夏大豆产区要少一些。

施肥方式

应用控氮型缓控释肥时，可以单独施用缓控释尿素，但缓控释尿素 70% ＋普通尿素 30% 的应用效果较好，亩施 20 千克为宜，配合施用磷肥、钾肥，一次性作为基肥施入。也可直接施用缓控释复合肥，亩施35千克左右，作为基肥或种肥一次性施入。作种肥时要注意种、肥隔离，保证苗全苗壮。

增产效果

黑龙江省农业科学院土壤肥料研究所在大豆上施用缓控释肥的试验和示范结果表明，缓控释尿素与普通尿素等氮量比较，硫加树脂包膜缓控释尿素100%增产7.4%，硫加树脂包膜缓控释尿素70%增产7.9%，差异显著；树脂包膜缓控释尿素100%增产5.9%，树脂包膜缓控释尿素70%增产3.0%，差异不显著。硫加树脂包膜缓控释尿素和树脂包膜缓控释尿素各减量30%，与普通尿素100%比较，产量基本相当。树脂包膜缓控释尿素与普通尿素掺混施用的增产效果要好于树脂包膜缓控释尿素，其中树脂包膜缓控释尿素70%＋普通尿素30%的效果最佳，比树脂包膜缓控释尿素100%增产9.1%。大豆专用缓控释复合肥的增产效果十分显著，比普通复合肥增产15.0%。大豆的示范结果表明，硫加树脂包膜缓控释尿素70%和树脂包膜缓控释尿素100%，分别比普通尿素100%增产11.4%和4.1%；树脂包膜缓控释尿素

70%＋普通尿素 30% 比普通尿素 100% 增产 7.5%；缓控释复合肥比普通复合肥增产 23.5%。大区示范的效果好于小区试验。

芝麻缓控释肥施用技术

施肥时间及用量

高产芝麻田亩施有机肥 2 000 ～ 2 500 千克，过磷酸钙 20 ～ 25 千克，硫酸钾 10 ～ 15 千克，硼砂 1 千克，作为基肥施入。对于苗期长势偏弱，生长不良的芝麻田，应追施苗肥，对培育壮苗、花芽分化和后期生育有良好的效果，一般于花芽分化期（定苗后）亩施尿素 3 ～ 5 千克。芝麻开花结蒴期是吸收养分的高峰期，一般亩施尿素 7 ～ 10 千克。开花期喷施磷酸二氢钾可提高千粒重，增产约 10%，每亩用磷酸二氢钾 300 ～ 500 克，对水 55 千克左右，隔 6 天喷施 1 次，连续喷 2 次。

施肥方式

芝麻一般亩施专用缓控释肥 20 ～ 25 千克，一次性作为基肥施入，一般不再追肥。若开花期芝麻长势偏弱，可每亩追施尿素 5 千克左右。施用缓控释尿素的效果也很好，缓控释尿素掺混一定比例的普通尿素，既省肥效果又好，可以单独施用，但需配合磷肥、钾肥。

增产效果

试验表明，施用缓控释肥有效地促进了芝麻生长发育，提高了芝麻的株高、叶片数、叶绿素含量、蒴果数和千粒重，显著增加了芝麻产量。与等养分量的化肥相比，平均增产 18.9%。

向日葵缓控释肥施用技术

施肥时间及用量

向日葵吸收的钾最多，氮次之，磷最少，因此，生产上应重视钾肥。基肥以有机肥为主，一般亩施3 000～3 500千克，肥料多时可以在整地前撒施，肥料少时可以沟施或穴施，将肥料撒于沟内或穴内。穴施肥料利用率较高，但墒情不好时不宜采用。若施用种肥，一般施用速效化肥，通常每亩施入尿素5千克、过磷酸钙10千克、硫酸钾10千克。高产向日葵田应追肥，一般在现蕾期进行，每亩施尿素10千克左右。

施肥方式

缓控释肥的增产效果很好，一般在施用有机肥的基础上，每亩施用向日葵专用缓控释复合肥20～25千克，专用缓控释肥的含钾量应在15%左右，以保证向日葵对钾素的需求。控氮钾型的缓控释掺混肥增产效果更为显著，可作为基肥或种肥一次性施入，注意肥、种隔离，防止烧种、烧苗，保证苗全苗壮。施用缓控释尿素也可以，但配合磷肥、钾肥效果更好。

增产效果

  施用向日葵控氮型或控氮钾型专用缓控释肥，向日葵植株健壮，生长势强，籽粒饱满，一般增产 10%，并能做到一次基施，有效提高了养分利用率，省工、省肥、增产、增效。

第四章
经济作物缓控释肥施用新技术

棉花缓控释肥施用技术

施肥时间及用量

在中高肥水的条件下，亩产 100 千克皮棉，每亩应施有机肥 2 500～3 000 千克，尿素 15～20 千克，过磷酸钙 50～60 千克，硫酸钾 15 千克；或在施用上述数量有机肥的基础上，施用棉花专用复合肥 40 千克左右。土壤肥力差或偏沙性，保肥性能比较差的地块，基肥和花期追肥各占 50% 较好。

施肥方式

施用控氮型缓控释肥料，可在施用有机肥的基础上亩施棉花专用缓控释复合肥 50～55 千克，缓控释尿素或缓控释复合肥一次性作为基肥或种肥施入，作种肥施用时要注意种与肥有一定的间隔距离，防止烧种、烧苗或影响幼苗正常生长发育。控氮钾型的缓控释掺混肥增产效果更为显著，可作为基肥或种肥一次性施入，注意肥、种隔离，防止烧种、烧苗，保证苗全苗壮。

施用效果

在棉花上进行的 2 组试验表明，氮肥等氮量比较，硫加树脂包膜缓控释尿素的产量最高，比普通尿素分别增产 13.0% 和 7.3%，差异显著或极显著；其次为树脂包膜缓控释尿素，比普通尿素分别增产 5.8% 和 4.4%。硫加树脂包膜缓控释尿素和树脂包膜缓控释尿素各减量 30% 与普通尿素 100% 比较，仍能增产 5.8% 和 2.9%，其中硫加树脂包膜缓控释尿素 70% 与普通尿素 100% 的差异达到显著水平。在掺混比例试验中，树脂包膜缓控释尿素 100% 的产量最高。在大区示范，硫加树脂包膜缓控释尿素和树脂包膜缓控释尿素各减量 30%，与普通尿素 100% 比较，分别增产 6.0% 和 3.4%；树脂包膜缓控释复合肥增产 4.9%，试验和示范结果大致相当。

在棉花上进行的控释钾肥的 2 组试验表明，一次性基施控释钾肥（CRK）处理皮棉产量较一次性基施氯化钾（KCL）处理分别增加了 21.57% 和 25.67%，比一次性基施硫酸钾（KS）处理分别增加 16.65% 和 14.16%，比基施加追施氯化钾（KCID）处理分别增加 15.46% 和 16.79%。控释钾肥 CRK 钾素利用率比 KCl 处理提高了 41.91% ～

50.91%，较 KS 处理提高了 27.26% ~ 29.91%，较 KClD 处理提高了 21.13% ~ 25.25%。因此，在棉花上一次基施包膜控释氯化钾即可满足棉花整个生育期对钾素的需求，与速效钾肥相比，不仅提高了土壤供钾能力，而且提高了棉花的产量和品质，显著提高了钾肥利用率。因此，在棉花种植上可施用控释氯化钾代替硫酸钾和氯化钾。

烟草缓控释肥施用技术

施肥时间及用量

烤烟三要素中需要钾最多，氮次之，磷最少。生产上氮、磷、钾的施用比例约为 $1.0:0.5:2.5$，充分考虑了磷肥的利用率低。此外，钾肥对烟叶产量，特别是烟叶品质具有重要作用，要施足钾肥。目前，我国烟区大多采用重施基肥、早追肥、基肥与追肥相结合的施肥方法。北方烟区，一般把全部施肥量的 2/3 作基肥，1/3 作追肥，追肥一般在栽烟后 $20 \sim 30$ 天施入。南方多雨地区肥料流失严重，追肥次数要多，甚至打顶时还要追施一次平顶肥，氮肥的追施量要超过基肥的量。有机肥与磷肥、钾肥作基肥施入，亩施有机肥 3 000 千克、过磷酸钙 30 千克、硫酸钾 20 千克。叶面施肥是烟草施肥常用的方法，有缺肥现象时可直接喷洒 $0.5\% \sim 1.0\%$ 的尿素溶液和 $0.3\% \sim 0.5\%$ 的磷酸二氢钾溶液。

施肥方式

缓控释肥对于提高烟叶产量和品质具有重要

作用，一般亩施烟草专用缓控释复合肥或控氮钾型缓控释掺混肥 30～35 千克，作为基肥或栽植时施入，一般不再追肥。施用缓控释尿素也可，作为基肥一次性施入，但最好配合施入普通尿素和磷、钾复合肥或包膜控释钾肥。

烟草专用缓控释肥料也可采用将硫加树脂包膜尿素或 / 和树脂包膜尿素、掺混在高钾型复混肥或 BB 肥中生产的控氮型掺混肥，也可在加入包膜控释尿素的同时加入一定比例的包膜控释硝酸钾或包膜控释氯化钾，生产出控氮、钾型专用控释掺混肥。虽然烟草是对氯敏感的作物或称为"忌氯作物"，但包膜控释氯化钾施入土壤后，钾和氯离子会缓慢的释放出来，不会造成土壤中大量氯离子积累和造成盐害，然而氯离子是植物必需的营养元素，适量氯离子存在于土壤中有利于作物的健康生长。

施用效果

以常规复合肥为对照，研究缓控释肥不同用量对烟草的作用。结果表明，缓控释肥具有促进烟株开楷开片、延长生育期的作用。施用缓控释肥的 4 个处理，其烟株长势、农艺性状、抗病性能、烟叶外观特征和产量指标等都明显好于施用常规复合肥的，单位面积可节省生产成本 11.37%，产值提高 22.82%。烤烟烟叶的含钾量是衡量烤烟品质的重要指标，山东农业大学进行的烟草缓控释钾肥的研究表明，缓控释钾肥显著提高了烟叶的含钾量，亩施缓控释氧化钾 5 千克、10 千克和 15 千克的烟叶含钾量分别为 2.58%、2.96% 和 3.01%，约是相同施肥水平下常规钾肥处理的 2.3 倍、1.8 倍和 1.8 倍，均达到了优质烟的标准，显著提高了经济效益。

甘蔗缓控释肥施用技术

甘蔗和甜菜按照用途分类应为糖料作物，一般经济效益较高，这里列为经济作物。

施肥时间及用量

甘蔗对氮、磷、钾三要素的吸收钾多于氮，氮又多于磷，甘蔗通常被称为喜钾作物。甘蔗施肥要氮、磷、钾配合施用，施足基肥，及时追肥。施肥以有机肥为主，配合氮磷钾肥，基肥亩施有机肥 3 000 ～ 4 000 千克、尿素 10 ～ 15 千克、过磷酸钙 50 千克、硫酸钾 20 千克。氮肥的 40% ～ 50% 作基肥，其余的作追肥，过磷酸钙可一次性作为基肥施入，硫酸钾的 50% 作基肥。追肥一般分 3 次进行，第一次于幼苗 6 ～ 7 片叶、开始出现分蘖时施入，称为攻蘖肥，结合中耕除草和培土进行，以施用氮素化肥为主，亩施 10 千克尿素为宜。第二次于分蘖盛期至开始拔节时施入，称为壮蘖肥，以氮素化肥为主，结合培土进行。第三次于蔗茎开始伸长时进行，此期甘蔗生长量大，生长速度快，肥料需要量多，施肥量应加大，氮、钾肥均应施用，每亩施尿素 15 千克左右，将钾肥的 50% 用于此时。磷肥可根据甘蔗植株的长势长相灵活应用，基肥不足时，后期应施用磷肥。宿根蔗的施肥时间比春根蔗早，一般在雨后或灌水后施于蔗蔸两旁，每亩施有机肥 2 000 千克左右、尿素 10 千克、过磷酸钙 50 千克、硫酸钾 20 ～ 30 千克。宿根蔗的施氮量应比新植蔗多20% ～ 30%，一般于 6 月底施完。

施肥方式

甘蔗专用缓控释肥可以施用含缓控释氮素的控氮型缓控释肥、同时含缓控释钾素的控氮钾型缓控释肥，或同时含缓控释氮素和缓控释钾素的控氮钾型缓控释复合肥，其中缓控释氮钾二元复合肥与磷肥配合施用效果较好。一般亩施专用缓控释复合肥 40 ～ 50 千克，一次性作为基肥施入，集中施肥效果更好。宿根蔗于蔗蔸两旁施入，适当早施。施用缓控释尿素同样能获得增产效果，一般作为基肥配合磷肥、钾肥施入。

施用效果

广西农业科学院土壤肥料研究所在两地进行的缓控释氮钾肥的试验结果表明，缓控释氮钾肥

100%与普通钾肥100%比较，分别增产4.9%和4.8%；缓控释氮钾肥70%与普通氮钾肥70%比较，分别增产13.6%和6.7%，差异显著或极显著。缓控释氮钾肥70%与普通氮钾肥100%比较，产量差异不显著，说明减肥30%不减产。在掺混比例试验中，缓控释氮钾肥与普通氮钾肥以不同的比例掺混，以缓控释氮钾肥50%＋普通氮钾肥50%为好，比普通氮钾肥100%增产12.9%和9.2%；比缓控释氮钾肥100%增产5.4%和4.1%。说明缓控释氮钾肥与普通氮钾肥掺混施用，若比例适当，可进一步提高缓控释氮钾肥的增产效果。

甜菜缓控释肥施用技术

施肥时间及用量

甜菜是吸收钾素较多的作物，氮次之，磷较少。基肥以有机肥为主，配合施用氮肥、磷肥、钾肥，高产甜菜田一般亩施有机肥 2 000 ～ 3 000 千克，并配合施用高浓度三元复合肥 30 ～ 35 千克，可于整地前撒于地面。垄作时，结合起垄将肥料施于垄内。土壤耕作层水溶性硼的含量低于 1 毫克／千克时，甜菜可能出现缺硼症状；当土壤耕作层锌的含量低于 9 毫克／千克时，甜菜可能缺锌，此时应该施用硼肥和锌肥，通常亩施 0.4 ～ 0.5 千克硼砂或硼酸、0.5 ～ 1.0 千克硫酸锌，作为基肥施入，生育期间不必再施。

甜菜主产区有施用种肥的习惯，一般亩施尿素 5 千克，过磷酸钙 4 千克。要注意施于种球侧下方 4 ～ 5 厘米处，不能与种球直接接触，以免出现烧苗现象。一般中等以上肥力、甜菜长势良好的地块，可于叶丛繁茂时每亩追施尿素 10 ～ 15 千克。基肥不足、长势差的地块，可以分 2 次追施，第一次于定苗后亩施尿素 5 ～ 10 千克，第二次于封垄前结合培土亩施尿素 5 ～ 10 千克。追肥应离甜菜植株 3 ～ 5 厘米，刨 5 ～ 7 厘米的坑，施入肥料后覆土，追肥后灌溉可以更好地发挥肥效。甜菜根外追肥效果比较好，一般可提高块根产量 10% 左右，含糖量增加 0.2 ～ 0.8 度，产糖量增加 10% ～ 15%。根外追肥于块根糖分增长期施用，每亩喷施 0.6% 的硫酸钾溶液、2% ～ 3% 的过磷酸钙溶液或 0.2% ～ 0.3% 的磷酸二氢钾溶液 30 ～ 50 千克。田间出现缺硼或缺锌症状时，可叶面喷洒 2 克 / 千克的硼砂溶液或 1 克 / 千克的硫酸锌溶液。

施肥方式

在施用有机肥的基础上，施用甜菜专用缓控释肥，以每亩 30 千克左右为宜，作为基肥或种肥一次性施入，作种肥注意与种球隔离。不施有机肥的亩施缓控释肥 40 ～ 50 千克。单独施用缓控释尿素也有较好的增产效果，但配合磷、钾肥效果更好，也要一次性作为基肥施入。

施用效果

控氮型硫加树脂包膜尿素甜菜专用缓控释掺混肥料，大田试验效果突出，省肥、省工、增产增效显著。

第五章

果树缓控释肥施用新技术

苹果缓控释肥施用技术

施肥时间及用量

苹果园施用氮、磷、钾的适宜配比，不同品种、不同地区以及不同树龄各有不同的要求。成龄树丰产园氮、磷、钾的适宜配比为 2：1：2，幼树为 2：2：1 或 1：2：1。施肥时可先按产量高低计算出施氮量，再根据氮、磷、钾的比例施肥。山东省苹果园的施肥量标准为，每生产 100 千克苹果施氮 1.54 千克、五氧化二磷 0.64 千克、氧化钾 1.60 千克，另施有机肥 160 千克，不同树龄的施肥量不同。

基肥秋季施用，通常情况下在果实采摘后施用。基肥以有机肥为主，配合施用速效化肥，氮素化肥基肥的用量占总施肥量的 50%～60%。定植时每株施有机肥 20～25 千克，定植后，每年还应施一次基肥，1～2 年生果树每亩施 2 000 千克有机肥，3～4 年生果树每亩施 2 500～3 000千克。盛果期后应加大施肥量，按每千克果 2～3千克肥的标准施有机肥，基肥占全年施用量的 70% 左右。施基肥时，可沿树冠投影的外缘开环

72

状沟或条状沟，沟宽 50 厘米，深 50～60 厘米，然后把有机肥、土、化肥混合后施入。

追肥一般分 3 次进行，一是芽前肥，在萌芽前 1～2 周进行，以氮肥为主，施用量占氮肥总用量的 20%。二是花后肥，以氮磷钾三元复合肥为主，氮肥占全年施用量的 20%，钾肥占 60%。三是催果肥，以氮、磷、钾三元复合肥为主，氮肥占全年总施肥量的 10%，钾肥占 40%。追肥也可叶面喷施，套袋果可叶面喷施氨基酸钙，以免发生缺钙症。容易缺磷、铁和硼的，叶面喷施效果都很好。过磷酸钙施用的浓度为 1%～3%、磷酸二氢钾为 0.1%～0.2%、硼酸为 0.1%。土层较薄、水源缺乏的山地果园，采用穴贮肥水法效果很好，应用面较广。方法是：在树冠边缘投影内 50 厘米挖深至根系分布层的贮养穴，初果期树每株 4 个贮养穴，盛果期树每株 6～8 个，穴直径 20～30 厘米，穴深 40～50 厘米。用玉米秆、麦秸、杂草等绑成直径 15～20 厘米、长 40 厘米的草把，将草把放入 5%～8% 的尿素溶液中浸透后插入贮养穴中，周围施入过磷酸钙 100～200 克。穴土回填时，要边填边踩实。覆土厚度超过草把顶部 1 厘米，使穴面低于地面 1～2 厘米。

施肥方式

苹果专用缓控释肥,可以施用含缓控释氮素的控氮型缓控释肥、同时含缓控释钾素的控氮钾型缓控释肥,或同时含缓控释氮素、磷素、钾素的控氮磷钾型缓控释复合肥。苹果专用缓控释肥一般于果实采摘后作为基肥施入,在施用有机肥的基础上,高产果园一次性亩施 40～50 千克,或于果树萌发前施入。在此基础上追施催果肥,亩施专用缓控释肥 20 千克左右。缓控释尿素的应用效果也很好,可以推广,一般于采果后一次性施入,配合施用磷肥、钾肥或普通复合肥。

施用效果

以红将军苹果和嘎拉苹果为试材进行的试验,研究了两种缓控释肥 3 种用量(缓控释复合肥 2 142 克/株、缓控释复合肥 1 714 克/株、减氮缓控释复合肥 2 142 克/株)对叶绿素含量、单果重、产量、果实糖度、硬度的影响,以不施肥和施复合肥(N-P_2O_5-K_2O 含量为 16-15-14,2 000 克/株)为对照。结果表明,叶绿素含量施缓控释复合肥的高于不施肥和施复合肥的,其中每株施 2 142 克缓控释复合肥的含量最高,不施肥的含量最低;

对单果重的影响有同样的作用；在单位面积上，施缓控释复合肥对减小大小年间的产量差距作用明显。苹果专用缓控释肥的供肥期长，养分利用率高，树体生长健壮，改善了果实品质，并降低了苦痘病的发病率，增产效果显著。

桃缓控释肥施用技术

施肥时间及用量

桃树合理施肥应是基肥与追肥结合，有机肥与化肥结合，并根据其对氮、磷、钾的吸收量调整配比。基肥宜在果实采收后施入，一般在9月施肥，施用量占全年总施用量的50%～80%，每亩施有机肥4 000～5 000千克（或每生产1千克桃施2～3千克有机肥），另施30千克桃树专用高浓度复合肥、1.0～1.5千克硼砂、2～5千克硫酸亚铁，与有机肥混合后施入。桃树的根系较浅，施肥深度为30～40厘米，可采用环状沟、放射沟、条状沟或全园普施的方法。环状沟施肥是在树冠外围开一条环绕树的沟，沟深和沟宽各30～40厘米，将肥料施入沟内，填土覆平；放射沟施肥是在树干旁向树冠外围开几条放射沟施肥；条施是在树的东西或南北两侧开条状沟施肥，并要每年变换位置，以保证肥力均衡；全园普施即撒施后翻耕，一般深翻30厘米。

追肥在萌芽前后、果实硬核期、催果期分3次进行，生长前期以氮肥为主，生长中后期以磷肥、钾肥为主，钾肥以硫酸钾为好，追肥量占总施肥量的 20%～50%。桃树叶面施肥有良好的效果，开花期喷施 0.2%～0.5% 的硼砂溶液，生长季节喷施 0.3%～0.4% 的尿素溶液、0.1%～0.3% 的硫酸锌溶液和 0.2%～0.4% 的磷酸二氢钾溶液，缺铁时最好喷施螯合态铁。

　　桃园施肥要充分考虑树龄，不同树龄的施肥量差距较大，一般幼树的施肥量为成年树的 20%～30%，4～5 年生树为成年树的 50%～60%，6 年生以上的树按盛果期的施用。

施肥方式

　　桃树专用缓控释肥对提高桃的产量和改善品质有重要作用，应积极推广利用。根据需要，可以施用含缓控释氮素的控氮型缓控释肥、同时含缓控释钾素的控氮钾型缓控释肥，或同时含缓控释氮素、磷素、钾素的控氮磷钾型缓控释复合肥或控释掺混肥。在施用有机肥的基础上，每亩桃园施桃树专用缓控释肥 40～50 千克，于春天桃树萌发前一次性施入，再追施一次催果肥，一般以后不再追肥。也可于秋季施用有机肥时一起施入桃树专用缓控释肥，生长季节酌情追肥一次。施用缓控释尿素的效果也好，可以大面积应用，施用时配合施入磷肥、钾肥。

施用效果

生产试验表明，桃树专用缓控释肥有效提高了肥料养分的利用率，一次施肥减少了多次施肥对桃树根系的伤害，能够满足桃树生育期对氮、磷、钾三要素的需求，桃的产量和品质也有显著提高和改善。

梨缓控释肥施用技术

施肥时间及用量

基肥一般于果实采摘后施用，基肥用量可按照全年施肥总量的50%～60%确定。亩产5 000千克梨的丰产果园，施有机肥3 000～3 500千克，另施高浓度氮磷钾三元复合肥30～40千克。成年果园和密植园宜全园施肥，幼龄园宜局部施肥。局部施肥采用环状沟、放射沟或条状沟，环状沟施肥是在树冠外围稍远处挖一环状沟，沟宽30厘米、深60厘米，将肥料与土混合后施入；放射沟施肥是在树冠下距树干1米处呈放射状向外挖6～8条内浅外深的沟，沟宽20厘米、深30厘米，长度可到树冠外缘，沟内施肥后覆土填乎；条状沟施肥是在果树行间、株间或隔行开沟，施入肥料。

梨树一年进行4次追肥，一是花前追肥，初结果树每株施尿素0.5千克，盛果树每株施1.0～1.5千克。二是花后追肥，于结果初期每株施磷酸二铵0.5千克，盛果期每株施1千克。三是花芽分化期追肥，一般每株施用高浓度三元复合肥 1.0～1.5 千克或梨树专用复合肥 1.5～2.0 千克。四是果实膨大期追肥，以氮肥为主，适当配合磷肥、钾肥。以上追肥不一定每一次都施，应本着经济有效的原则灵活掌握，弱树以前两次追肥为重点，增强树势；旺树则要避免在新梢旺长期追肥，以缓和树势，促进花芽分化。

施肥方式

梨树专用缓控释肥，可以施用含缓控释氮素的控氮型缓控释肥、同时含缓控释钾素的控氮、钾型缓控释肥，或同时含缓控释氮素、磷素、钾素的控氮磷钾型缓控释复合肥或控释掺混肥。一般在春季梨树萌发前施入，秋季在施用有机肥的基础上亩施 30～40 千克，再于果实膨大期每亩追施梨树专用缓控释肥 13 千克左右。施用缓控释尿素的效果也较好，一般按照普通氮肥总用量的 70% 施用，但应注意磷肥、钾肥配合，以更好地发挥肥效。

施用效果

试验结果表明，一次施肥减少了多次施肥对根系的损伤，养分按照梨树生长需求缓慢有序地释放，提高了养分利用率，增产效果明显。

金正大控释肥试验
山东莱阳

4
金正大控释肥
21-8-17 160kg/亩

葡萄缓控释肥施用技术

施肥时间及用量

葡萄需要吸收的三要素中，需要的氮和钾的数量相当，磷较少。亩产2 000千克的葡萄园，每亩施有机肥3 000千克左右、过磷酸钙50～80千克、硫酸钾80～100千克。高产葡萄园基肥应占总施肥量的50%～80%，于秋季葡萄采收后进行。基肥以有机肥为主，配合适量化肥，亩施有机肥4 000千克左右、过磷酸钙100千克、硫酸钾60千克，另加硼砂3千克。采用开沟法施肥，沟的深度随树龄的增加而增加，幼树在定植沟两侧挖沟，成年树采用隔年隔行开沟的办法。篱架葡萄园沟深40～50厘米，棚架葡萄园沟深60厘米、宽40～50厘米。将各种肥料混合后填入沟内，覆土并灌水。追肥一般分4次进行，第一次于萌芽后进行，对葡萄新梢生长和花芽继续分化有利，可每亩施尿素10～15千克。第二次于开花前叶面喷施，以硼肥为主，同时施用适量磷、钾、镁、锰肥，促进授粉受精，提高坐果率。第三次于幼果膨大期进行，追肥量适当增加，以氮肥为主，每亩追施尿素 5～10 千克、过磷酸钙 15～20 千克。第四次于浆果始熟期进行，以磷肥、钾肥为主，每亩施过磷酸钙 30～40 千克、硫酸钾 30 千克，尿素适量，或高浓度复混肥 40 千克。

施肥方式

施用专用缓控释肥，可以选用含缓控释氮素的控氮型缓控释肥、同时含缓控释钾素的控氮钾型缓控释肥。应在采收后每亩施有机肥 4 000 千克的基础上，于翌年春天葡萄萌芽前施入。由于高产葡萄较一般大田作物的需肥用量大，每亩的施用量应为 40～50 千克，在幼果膨大期每亩再追施专用缓控释肥 20 千克左右。一般不再追肥，若植株长势偏弱，可酌情每亩追施尿素 10 千克或高氮低钾（追施肥）型复合肥 15 千克。施用缓控释尿素时，注意配合施入磷肥、钾肥。

施用效果

施用葡萄专用缓控释肥促进了花芽分化，坐果率和产量显著提高，成熟期提早 6 天，着色好，施用专用缓控释复合肥比普通复合肥增产 16%，且葡萄果粒饱满、鲜艳、匀称，糖度显著提高，经济效益显著。在山东省泰安市徂徕镇杜家村和樱桃园村进行的巨峰葡萄缓控释肥试验表明，与普通复合肥相比，控释肥显著提高了产量，其中等量控释肥比对照提高了 20.7%，而减量控释肥提高了 18.4%。控释肥处理显著提高了普通果实的可溶性固形物的含量和糖酸比，改善了果实的内在品质；其中，减量 20% 控释肥处理的可溶性固形物含量最高，糖酸比达到 22.13，显著高于普通复合肥处理。

枣缓控释肥施用技术

施肥时间及用量

高产枣园枣树应做到有机肥与无机肥结合，基肥与追肥结合，全年统筹，合理施用。基肥可在秋季落叶后或春季化冻后至发芽前施入，1～3年生枣树，每年每株施用有机肥 10～20 千克、碎干秸草 2～3 千克、过磷酸钙 0.3～0.5 千克、尿素 0.10～0.15 千克。在树冠下距树干 20 厘米处挖 4 条放射状沟，沟长 40～100 厘米、宽25～30 厘米、深 20～30 厘米，将有机肥、碎草撒于沟底，再将化肥撒入，填土 2/3 后灌足水，最后覆土保墒。4～8 年生枣树，每年每株施用有机肥 20～50 千克，秸草 3～5 千克，过磷酸钙 1～2 千克，尿素 0.2～0.5 千克。第一年施肥在树冠下顺树行挖沟，沟距 40～50 厘米，每侧2～3 条，第一条距树干 20～30 厘米。第二年施肥按垂直于树行的方向挖沟，变动方位，扩大肥料与根系的接触面。以后每年调换一次施肥沟的方位，以提高肥效。8～15 年生枣树，产量达到盛果期水平，此时施肥可以根据产量而定，盛果期枣树基肥的施用量为全年氮肥、钾肥用量的1/2，磷肥用量的全部，施肥方法同4～8年生树。追肥次数与施用量由树龄和土质而定，结果树与盛果树全年追肥2～3次。第一次北方枣树施肥在5月上中旬进行，以促进结果枝旺盛生长和花芽分化。幼龄树每株施尿素0.15～0.25千克，盛果树每株施用全年氮肥用量的1/4。第二次追肥在盛花期后进行，促进幼果和根系生长。幼龄果树每株施尿素或磷酸二铵0.2～0.3千克，草木灰0.5～1.0千克，或高浓度三元复合肥0.2～0.4千克，盛果期每年再追施全年氮肥用量的1/4和全年钾肥用量的1/2。第三次追肥在7月底8月初进行，主要用于高产园和保肥能力较差的沙壤土枣园，每株施尿素或磷酸二铵0.5千克。在黄淮海地区，常于5月下旬喷施0.4%～0.5%的尿素溶液或0.5%～1.0%的磷酸铵溶液，6月上中旬喷施0.2%～0.3%的硼砂溶液或0.5%的磷酸铵溶液，7—8月喷施0.3%的磷酸二氢钾溶液或0.5%的磷酸铵溶液，9—10月喷施0.05%的尿素溶液。土壤缺铁、锌时，可于4月下旬至5月上旬喷1～2次0.3%的硫酸亚铁溶液和硫酸锌溶液。

施肥方式

施用枣树专用缓控释复合肥，可选用含缓控释氮素的控氮型缓控释肥、同时含缓控释钾素的控氮、钾型缓控释肥，或同时含缓控释氮、磷、钾的控氮磷钾型缓控释复合肥或控释掺混肥。一般于枣树萌芽前与有机肥一起施入，每亩的用量为 50～60 千克，一般不再追肥，不但提高了肥料利用率、减少了追肥次数，而且提高了鲜枣的产量和品质。

施用效果

试验结果表明，施用枣树专用缓控释肥，其养分释放规律与枣树养分的吸收规律相吻合，提高了肥料利用率，显著降低了氮素的挥发和淋失，促进了枣树生长发育。试验表明，等量控释掺混处理比传统施肥增产 13%，减氮 30% 控释肥处理与传统施肥产量无显著差异，减肥不减产，控释肥处理着色果率和可溶性固形物含量显著提高。全年一次施用，省工省时，经济效益显著。

冬枣专用控释肥试验区

冬枣非控释肥对照区

杏缓控释肥施用技术

施肥时间及用量

杏树吸收氮磷钾三要素的比例为（1.0～1.3）: 0.2 :（1.4～1.6），吸收的钾最多，氮次之，磷最少。一般成年杏园每亩应施有机肥3 000～4 000千克，氮、五氧化二磷、氧化钾各5千克。由于杏树开花早，并早于展叶，果实生育期短，一年中的营养消耗主要在前期，因此施肥以基肥为主，且秋季施肥最好。在我国北方杏区，通常9—10月施肥，基肥施用量占总施肥量的70%～80%，以放射沟施为宜，即在树干周围树冠不同方位挖4～8条30～50厘米深、20～30厘米宽、长度随树冠大小而定、内浅外深的放射状结构，将肥料与土壤混合后覆土封沟、浇水。幼龄树可以结合扩穴施用基肥。

杏果实生育期短，追肥次数较苹果等要少，一般追施1～2次。第一次在早春萌动后到开花前15天左右进行。第二次在果实采收后进行，追肥深度为15～20厘米，沟施或穴施，施肥后覆土浇水。在杏生长季节，可以采用叶面喷施的方

高效缓控释肥新产品和新技术

法追肥，喷施 0.2% ～ 0.5% 的磷酸二氢钾，或 0.3% ～ 0.5% 的硼酸溶液。水源缺乏的山区杏园，可采用穴贮肥水的方法施肥，方法同苹果穴贮肥水法。

施肥方式

杏树专用缓控释肥，可选用含缓控释氮素的控氮型缓控释肥、同时含缓控释钾素的控氮钾型缓控释肥，或同时含缓控释氮磷钾素的控氮磷钾型缓控释复合肥或控释掺混肥。应该在施用有机肥的基础上，一次性亩施 50 ～ 60 千克，一般不再追肥。单独施用缓控释尿素可以减少施用的氮量 20% ～ 30%，但必须配合施用磷肥、钾肥。

施用效果

等量缓控释肥、减量缓控释肥、减氮缓控释肥对土壤和杏树养分、杏树生长以及果实产量与品质的影响试验表明，缓控释肥能增加杏树的叶绿素含量，增加枝条的长度，增加叶片养分和冬季枝条储藏的养分。施肥效果与施用缓控释肥的种类和施用年限有关，连续施用两年后可有效提高果实产量，并改进品质。缓控释肥等量处理，比普通复合肥增产 32.7%；控释肥减量 20%，比

普通复合肥增产 **29.8%**。控释肥处理的果实可溶性糖、单果重、着色度等品质指标都显著高于普通复合肥处理。

樱桃缓控释肥施用技术

施肥时间及用量

樱桃园要施足基肥，基肥以有机肥为主，一般在秋季施用，以多施为佳，至少应保证每生产1千克樱桃施2～3千克有机肥。山东省烟台市大樱桃产区，一般幼树和初果期树每株施入人粪尿30～50千克或猪粪120千克，结果大树每株施入人粪尿60～80千克或每亩施入有机肥3 000～5 000千克。樱桃秋季施肥需要年年坚持，以防树势衰弱。基肥采用放射沟或大穴施入，沟深50厘米左右。

生产中成年树一般每年追肥2次，即花果期追肥、采果后追肥。花果期追肥以速效氮肥为主，配以适量的磷肥、钾肥，丰产果园的成年大树每株施入粪尿25千克或高浓度三元复合肥1～2千克。采果后追肥成年大树每株施三元复合肥1.0～1.5千克，或腐熟的人粪尿70千克；初果期每株施磷酸二铵0.5千克。追肥多在树冠外围30～50厘米处开放射沟或弧形沟施入，一般开7～9条沟，以扩大施肥面，便于根系吸收。肥料种类以氮肥为主，配以适量的磷肥、钾肥。缺素症发生严重的果园，可随基肥施入相应的矿质元素。樱桃根外追肥对调节树体长势、促进成花、提高坐果率和改善果实品质效果很好，一般于春季萌动前，对树干喷施2%～3%的尿素溶液，展叶后喷施0.2%的磷酸二氢钾溶液，花期喷施0.3%的尿素溶液、磷酸二氢钾600倍液、0.3%的硼砂溶液等。

施肥方式

樱桃施用专用控氮磷钾型缓控释复合肥或控氮型缓控释掺混肥，在冬前翻耕土壤时同有机肥一起施入，施用量约为50千克，一般可以满足樱桃对养分的需要，不再追肥。既可减少多次施肥对根系的伤害，又可减少用工，提高肥料的利用率和产量。

施用效果

试验证明，樱桃专用缓控释肥可有效提高肥料的利用率，在减少施肥次数、肥料用量的情况下仍有增产或减肥不减产，缓控释养分的释放速率与樱桃吸收养分的规律相同步，促进了樱桃果实的生长和树体的健壮，增加了产量，提高了品质和单果重等商品价值，显著提高了经济效益。

柑橘缓控释肥施用技术

施肥时间及用量

柑橘的施肥量要高于吸收量，高产优质柑橘园施肥应以有机肥为主，化肥为辅。幼树施肥可以促进枝梢快速生长，迅速扩大树冠，为早期丰产奠定基础。幼树施肥以氮肥为主，配以磷肥、钾肥。随着树龄的增长，施肥量要逐年提高，一般1～3年生树每株施尿素0.5千克，在新梢抽发期施用，特别是5—6月。为促生夏梢，要勤施少施，每年追肥4～6次。幼树还应在株行间种植绿肥作物，适时耕翻入土，培肥地力。

开花前应追施速效氮肥，配合有机肥，一般2月下旬到3月上旬施入，施肥量占全年施肥量的30%。

稳果肥在柑橘生理落果期和夏梢抽发期施入，以提高坐果率，一般叶面追肥，用0.3%尿素＋0.3%磷酸二氢钾＋保果素溶液，每15天喷一次，连续喷2～3次，施肥量占全年施用量的5%，此期应避免5—6月大量施用氮肥。

壮果肥于7月中旬至8月上旬施入，以速效

化肥为主，配合有机肥，施用量占全年施用量的
35%。

采果后追肥于采果结束后施入，以恢复树势，
充实结果母枝，以有机肥为主，配合适量化肥。
一般11月至12月下旬施入，施肥量约占全年施
用量的30%，施肥深度为20～40厘米。幼树多
挖环状沟施肥，成年树多挖条状沟施肥，梯田挖
放射沟施肥。沟宽30厘米，长度依树冠大小而
定，一般1米左右。肥料施入沟中，然后覆土。

施肥方式

柑橘施用缓控释肥的增产增效极为显著，控
氮钾型和控氮磷钾型缓控释肥的效果更好。一般
在施有机肥的基础上，成年树丰产园于采果后和
壮果期分2次施入，每次30～40千克，一般不
再追肥。基本可以满足高产优质对养分的需求。
柑橘专用缓控释肥有效提高了肥料利用率，幼树
和成年树施用缓控释肥的量可为习惯施复合肥数
量的80%。

施用效果

在用量试验中，缓控释氮钾肥100%与普通
氮钾肥100%比较，每亩增产266千克。在掺混

比例试验中，氮钾区与无氮区比较，增产幅度为22.8%～69.4%；氮钾区与无钾区比较，其中，缓控释氮钾肥100%增产30%，缓控释氮钾肥50%＋普通氮钾肥50%增产40%，普通氮钾肥100%不增产。不同掺混比例的试验表明，缓控释氮钾肥50%＋普通氮钾肥50%的产量最高，比普通氮钾肥100%增产48.9%；比缓控释氮钾肥100%增产7.9%。在用量示范中，普通氮钾肥100%、缓控释氮钾肥100%和缓控释氮钾肥70%之间的产量没有明显差异；在掺混比例示范中，缓控释氮钾肥100%比普通氮钾肥100%增产21.6，缓控释氮钾肥50%＋普通氮钾肥50%比普通氮钾肥100%增产11.5，缓控释氮钾肥100%优于缓控释氮钾肥50%＋普通氮钾肥50%。

香蕉缓控释肥施用技术

施肥时间及用量

香蕉对钾的吸收量特别多，被称为喜钾作物，因此生产上必须注重钾肥的施用。高产香蕉园每年每亩的施肥量为标准氮肥 60～80 千克、过磷酸钙 18～24 千克、硫酸钾或氯化钾 80～100 千克，施用三要素的比例大约为 1.0∶0.3∶1.5。土壤偏酸性的旱地、山地，每年每亩可施熟石灰 130 千克，内陆坡地每年每亩加施镁肥 7～10 千克。

香蕉是常绿果树，只要温度适宜，周年均可生长。为保证香蕉正常生长，需要周年施肥。基肥每株施猪粪 5 千克、石灰 0.3 千克、过磷酸钙 0.3 千克、土杂肥 20 千克，与晒白的表土混合，施后 10 天左右再栽苗。追肥主要是花芽分化肥、过寒肥和回暖肥，每个时期还可分几次进行。花芽分化肥在现蕾前 50 天左右施入，每株施用香蕉专用复合肥 0.4 千克、花生麸 0.5 千克。过寒肥在 10 月底施入，每株施猪粪或厩肥 10 千克、花生麸 0.5 千克、氯化钾 0.2 千克、过磷酸钙 0.1 千克、石灰 0.2 千克，以增强植株的抗寒性。回暖肥 3 月中旬施入，每株施尿素 0.2 千克、香蕉专用复合肥 0.2 千克、氯化钾 0.1 千克，结合浇水，促使植株尽快恢复生长。

施肥方式

由于香蕉周年生长，需肥量大，施肥用工特别多，因此缓控释肥在香蕉生产中应用经济效益更为显著。根据不同香蕉园的具体情况，可以施用含缓控释氮素的控氮型缓控释肥，同时含缓控释氮、钾的控氮钾型缓控释肥，或同时含缓控释氮、磷、钾的控氮磷钾型缓控释复合肥或缓控释掺混肥，缓控释养分的释放期可根据周年内施肥的次数确定。周年施肥分 2 次进行的，养分释放期 5～6 个月，周年施肥分 3 次进行的，养分释放期 3～4 个月。

香蕉专用缓控释肥应在香蕉孕蕾中期（7 月底 8 月初）施用，用量比一般果树多许多，每亩需要施用 150 千克左右或者全年普通香蕉专用复合肥总用量的 70%～80%，养分释放期为 3～4 个月的缓控释肥分 3 次施入较好，即基肥、花芽分化肥和回暖肥。

施用效果

试验示范结果证明，施用香蕉专用缓控释肥能有效减少肥料的挥发及径流引起的损失，提高了肥料利用率，叶片氮、钾的含量增高，促进了植株生长，株高增加，假茎增粗，增产效果显著，果实维生素 C 的含量增加，固形物及可溶性糖的含量增加，果实品质得到改善。在香蕉同等产量水平的条件下，施用缓控释肥比施用普通复合肥节省肥料 20%～30%。普通复合肥每月施肥 1 次，全年施 12 次，缓控释肥全年只施用 2 次或 3 次，产量增加显著或相当，节省了大量施肥用工，减少了肥料浪费和面源污染，显著提高了经济和生态效益。

草莓缓控释肥施用技术

施肥时间及用量

草莓施肥以基肥为主，基肥又以有机肥为主，辅以氮、钾复混肥。基肥每亩施有机肥 2 000～3 000 千克，并加施三元复合肥 30～40 千克。基肥施用结合土地翻耕进行，施入深度在 20 厘米左右为宜。

草莓的追肥次数与栽培方式密切相关，露地栽培旺盛生长期短，追肥次数少；大棚、温室促成栽培开花结果期长，对养分的吸收和消耗量大，追肥次数多。露地栽培可分 4 次追肥，分别于定植成活后、越冬防寒前、植株现蕾期和果实膨大期进行。追肥浓度不宜过高，用 0.3%～0.4% 的尿素溶液或三元复合肥与水混合后浇施。大棚、温室促成栽培，追肥一般进行 7～10 次，在定植成活、开始保温、开花坐果和采收初期各追施一次的基础上，整个开花结果期视植株长相结合浇水再追施 3～6 次，追肥量宜少。

施肥方式

施用草莓专用缓控释肥，可选用含缓控释氮素的控氮型缓控释肥，同时含缓控释氮、钾的控氮钾型缓控释肥，或同时含缓控释氮、磷、钾的控氮磷钾型缓控释复合肥或缓控释掺混肥。设施栽培，一般在施足有机肥的基础上，于草莓定植前作为基肥一次施入，每亩的总施用量为 60 千克左右。试验表明，施用缓控释尿素的增产效果也好，可以应用，注意配合施用磷肥、钾肥。

施用效果

保护地草莓施用缓控释肥的结果表明，草莓专用缓控释肥能够提高鲜果的维生素 C 含量和口感；在肥料等用量的情况下，鲜果和生物产量都显著增加，平均增产 10% 以上。不但提高了产量和品质，而且节省了施肥用工，经济效益显著。

板栗缓控释肥施用技术

施肥时间及用量

密植高产园于秋季亩施有机肥5 000千克，混入过磷酸钙50千克、硫酸钾20千克，隔年施硼砂1千克，行间开条状沟施入。追肥每年2次，第一次于雌花发育前半个周进行，亩施尿素30千克；第二次于7月下旬栗蓬迅速膨大时进行，可亩施氮、磷、钾含量各为15%的复合肥65千克。亩产350千克以上的常规丰产园，基肥应该亩施有机肥2 250千克，再进行2次追肥。硼是板栗生长发育十分重要的营养元素，硼能部分解决缺素性空苞问题，并对受精有良好的作用。因此板栗园应注意施用硼肥，但用量不能过多，以免引起肥害。叶面喷施的效果不太理想，最好作为基肥施入。

施肥方式

板栗专用缓控释肥一般于板栗树萌芽前一次性施入，亩施50～60千克，也可于秋季施有机肥时混合施入。如果有机肥用量适宜，生长期间不追肥，减少了多次施肥对根系的伤害。施用缓控释尿素最好在板栗树萌芽前施入，配合磷肥、钾肥。

施用效果

板栗专用缓控释肥可减少施肥次数，能有效提高肥料的利用率，促进板栗生长发育，增加板栗的粒重和产量。在减量施用的情况下仍不减产，甚至增产，经济效益显著。

第六章
蔬菜、瓜类缓控释肥施用新技术

大白菜缓控释肥施用技术

施肥时间及用量

大白菜生长前期吸收氮最多，钾次之，磷最少；结球期吸收钾最多，氮次之。生产上要根据大白菜的生长阶段合理施肥。

基肥要施足，以有机肥为主，适当施入磷肥、钾肥。北方高产秋大白菜一般亩施有机肥4 000～5 000千克，30～40千克三元复合肥，撒施后结合耕翻施入。

追肥分次进行，秋季大白菜的生长期长，要在莲座初期和包心前期分次追施。第一次以氮肥为主，配合磷肥、钾肥，基肥不足时，可在3～4片叶时追肥，结合浇水亩施尿素5～7千克。第二次追肥在定苗或移栽缓苗后进行，亩施尿素10千克。第三次追肥在包心初期进行，这是大白菜的关键肥，要三要素配合施用，一般亩施高浓度复合肥20～30千克。前期施肥不足的，可在大白菜结球中期随水每亩冲施尿素15千克。

春季和夏季大白菜及早秋大白菜的生长期短，在施足基肥的基础上可减少追肥次数，一般追

1～2次即可，在幼苗3～4片叶和结球初期进行，适当冲施尿素。

施肥方式

大白菜专用缓控释肥以控氮型缓控释肥或控氮钾型缓控释掺混肥为主，应与基肥混合后一起施入，亩施30～40千克，一般可满足大白菜对氮、磷、钾的需求，不再追肥。若生长期间植株缺肥，可在大白菜结球中期追肥，以冲施肥（高氮、低磷和低钾的复合肥）为宜，亩施10～15千克。生产上也可施用缓控释氮肥，但必须补充相应的磷肥、钾肥。

施用效果

试验结果表明，在等氮、磷、钾比例和等养分含量的情况下，缓控释肥与普通复合肥一次性施用，缓控释肥增产5.8%～16.9%，氮、磷、钾当季的利用率分别提高3.2～13.6个百分点、2.0～10.3个百分点和9.2～19.4个百分点；与普通复合肥分2次施用相比，缓控释肥增产3.8%～14.7%，氮、磷、钾当季的利用率分别提高1.8～10.4个百分点、1.5～7.1个百分点和1.0～9.2个百分点。

大白菜施用缓控释肥（左）
和普通复合肥（右）比较

黄瓜缓控释肥施用技术

施肥时间及用量

　　黄瓜生长期间需要钾最多，磷最少。黄瓜基肥要施足，以有机肥为主，一般亩施有机肥5 000千克，并配合施入三元复合肥30千克左右。

　　追肥应掌握少量多次的原则。从幼苗定植后到初花期，植株吸收的养分只占全生育期吸收量的10%，所以只有在基肥施用量不足的情况才追施少量氮素化肥，一般不需追肥，此期追肥过多可能引起徒长和"化瓜"。进入结瓜期后，尤其是盛瓜期，黄瓜的需肥量增加。据测定，每株黄瓜一昼夜大约吸收氮2.4克、五氧化二磷2.74克、氧化钾4.5克，所以需要多次追肥，以促进茎叶生长和根系发育，满足雌花形成和幼瓜膨大的要求。追肥一般每隔7～10天一次，每采收两次要结合浇水冲施一次，每次每亩追施尿素10～15千克。黄瓜结瓜期长达3～4个月，需要追肥8～10次。黄瓜生育中期叶面喷施0.2%～0.3%的磷酸二氢钾溶液有良好的增产效果，应积极应用。

施肥方式

黄瓜专用缓控释肥可选用含缓控释氮素的控氮型缓控释肥，同时含缓控释氮素、钾素的控氮钾型缓控释肥。应与有机肥一起作为基肥施用。一般亩施 40 千克左右。根据黄瓜的长势长相追肥 3 次。每次 10 千克左右，基本能够满足高产黄瓜对养分的需要。黄瓜也有专用缓控释氮肥，用量可较普通尿素减氮 30%，作为基肥施入，但要适当补充磷肥、钾肥。

施用效果

据研究，大棚黄瓜施用控释复合肥与施用等量普通复合肥相比，前者单株结瓜数平均增加 1.05 个，单瓜重增加 27 克，根茎粗增加，蔓长缩短，叶片数平均增加 3.5 片，叶长减少 1.06 厘米，叶柄缩短，产量显著提高，微生物碳和可溶性糖的含量都明显增加。

番茄缓控释肥施用技术

施肥时间及用量

番茄是需要肥料较多的作物，在定植前应施足基肥，每亩施有机肥 5 000 千克以上，并配合施入适量磷肥、钾肥。磷肥可以一次性施足，通常亩施过磷酸钙 30～40 千克、硫酸钾 10～15 千克。

追肥最好以腐熟的有机肥为主，适当配合氮肥、磷肥、钾肥。一般在幼苗定植后 7～10 天结合浇水施一次催果肥，每亩施入腐熟的土粪 1 000 千克或尿素 15～20 千克。在第一穗果开始膨大时，每亩追施尿素 10～15 千克、高浓度三元复合肥 20 千克。果实开始采摘后再结合浇水分 2～3 次追施复合肥 20～30 千克，以防止早衰和改善品质。此外，在生长期间可分次适量喷施 4%～5% 的过磷酸钙溶液，或 0.2%～0.3% 的磷酸二氢钾溶液，或 3%～5% 的草木灰浸出液。尤其在钾肥施用量不足的情况下，叶面喷施磷酸二氢钾对减少畸形果、改善果实品质有重要作用。

施肥方式

番茄施用专用缓控释肥可选用含缓控释氮素的控氮型缓控释肥，同时含缓控释氮素、钾素的控氮钾型缓控释肥，或同时含缓控释氮、磷、钾的控氮磷钾型缓控释复合肥或缓控释掺混肥。一般于定植前随有机肥一起施入。因为番茄需要养分多，所以施用量比一般蔬菜要多，通常基肥亩施40千克左右。根据生长状况可适当进行2次追肥，一般每次15千克左右。缓控释氮肥有提高肥效、增加产量和改善品质的作用，也可选用，但应补充相应的磷肥、钾肥。

施用效果

据试验，缓控释复合肥与普通复合肥比较，缓控释复合肥明显促进了番茄的生长发育，其叶绿素含量、叶面积、鲜果重都有所增加，番茄生长势强，基本没有腐烂病等病害发生，而施用普通复合肥病虫为害的程度较重。缓控释肥既提高了果实的产量，又改善了果实的品质，省工省时，经济效益显著。

大蒜缓控释肥施用技术

施肥时间及用量

大蒜对氮和钾的吸收量多，而对磷的吸收量少。大蒜一般进行 6 次施肥，基肥是大蒜丰产的基础，每亩施有机肥 5 000 ～ 10 000 千克，另加大蒜专用复合肥 50 千克。追肥分 5 次进行，一是催苗肥，目的是促进幼苗迅速发根和秋播大蒜安全越冬，亩施尿素 10 千克左右。二是越冬肥，一般在地面上撒施一薄层牛粪、马粪保温，以保证大蒜安全越冬。若采用地膜覆盖栽培，则不需要追施越冬肥。三是返青肥，在春季气温回升、新叶开始返青时施入，此期以施用生物有机肥或腐熟的有机肥为主，施肥后中耕划锄，促进幼苗返青。施过催苗肥的，也可不施返青肥。已覆盖地膜的，可结合浇水每亩冲施尿素 10 ～ 15 千克，促使蒜苗生长。四是催薹肥，一般施用量占追肥总量的 30% ～ 40%。五是催头肥，在施用催薹肥 1 个月后，蒜头进入旺盛生长阶段，生长量达到高峰，需肥量大，施肥量应多一些，一般亩施尿素 20 千克，并配合施入适量磷肥、钾肥，或

直接施用大蒜专用冲施肥（高氮、低磷、低钾）
20～25千克以促进蒜薹和蒜头生长，满足蒜薹
生长和蒜头膨大对养分的需求。

施肥方式

大蒜专用缓控释肥可选用含缓控释氮素的控
氮型缓控释肥，同时含缓控释氮、钾的控氮钾型
缓控释肥，或同时含缓控释氮、磷、钾的控氮磷
钾型缓控释复合肥或缓控释掺混肥。一般与有机
肥一起施入，每亩60千克左右。也可施用缓控释
尿素，效果也很好，但应注意补充磷肥、钾肥。

施用效果

研究结果表明，等养分用量时，施用控氮磷
钾型缓控释掺混肥，显著增加了大蒜的产量，蒜
头增产12%，蒜薹增产11.2%；缓控释复合肥的
用量是习惯用量的80%时，蒜头增产11.6%，蒜
薹增产12.7%。同时，缓控释复合肥对改善商品
性状有明显效果，大于6厘米的优质蒜头和大于
5.5厘米的普通商品蒜头所占的比例都有所提高。

辣椒缓控释肥施用技术

施肥时间及用量

辣椒基肥以有机肥为主，亩施有机肥 5 000～8 000 千克，撒施后耕翻，耙细搂平。如果有机肥不足，可以开沟集中施用。

追肥一般进行 2～3 次，第一次在缓苗后进行，基肥不足时，可在植株一侧开沟亩施有机肥 1 000 千克和三元复合肥 20～30 千克，促使幼苗健壮生长。第二次于盛果期进行，在门椒采摘前开沟，施入复合肥 20～30 千克，然后中耕培垄，垄高 10～15 厘米。结果后期，为延长植株的生长时间，防止衰老，可结合浇水进行第三次追肥，一般亩冲施尿素 10 千克左右。在辣椒开花结果期，喷施 0.2%～0.3% 的尿素、磷酸二氢钾等溶液，有保花保果、提高产量、增进品质的作用。

施肥方式

辣椒专用缓控释肥可选用含缓控释氮素的控氮型缓控释肥，同时含缓控释氮、钾的控氮钾型缓控释肥，或同时含缓控释氮、磷、钾的控氮磷钾型缓控释复合肥或缓控释掺混肥，效果都较好。一般于辣椒栽植前，与有机肥一起施入，亩施 50～60 千克，不再追肥。辣椒也可以施用缓控释尿素，施用时必须配合施用相应的磷、钾肥，以保证辣椒生长发育的需求。

施用效果

试验结果表明，施用缓控释复合肥与施用普通复合肥相比，施用 100% 缓控释复合肥的增产 15.3%，施用 70% 缓控释复合肥、70% 缓控释复合肥＋30% 普通复合肥、50% 缓控释复合肥＋50% 普通复合肥的分别增产 32.3%、50.5% 和 67.4%。施用缓控释复合肥的辣椒维生素 C、可溶性糖含量以及植株的生长状况都明显高于或优于施用普通复合肥的。统计分析表明，施用缓控释复合肥对提高辣椒产量、改善品质和促进植株生长的效果显著。

大葱缓控释肥施用技术

施肥时间及用量

大葱对钾的吸收量大，氮次之，磷最少，同时还需要中量和微量元素。大葱育苗时每亩施有机肥2 000～3 000千克，另加适量的大葱专用复合肥。第二年春返青时，结合浇返青水再追施10千克尿素。大葱定植前的基肥用量要足，一般亩施有机肥5 000～10 000千克。立秋到白露是大葱生长的旺盛期，对肥水的需求量很大，需要追施"攻叶肥"，亩施有机肥1 000千克，大葱专用复合肥50千克。将肥料施于沟脊后中耕，肥料与土混合后填入沟内并浇水。处暑前后可第二次追肥、培土，视情况适量施肥。白露以后是大葱发棵、葱白生长的旺盛期，应追施15千克左右尿素和适量的钾肥。

施肥方式

大葱专用缓控释复合肥主要选用控氮型或控氮钾型缓控释肥或掺混肥，于定植前与有机肥一起施入，亩施70千克，一般不再追肥。缓控释尿素对提高肥料利用率和产量有良好的效果，但必须增施磷肥、钾肥。

施用效果

试验结果表明，与等量的普通复合肥相比，缓控释复合肥明显改善了大葱的品质，有效提高了大葱的产量，增产率达到57%。从经济效益、大葱产量、品质以及肥料利用率等角度考虑，每平方米施用100克较好，即亩施67千克左右。施用缓控释复合肥与施用等量的普通复合肥相比，明显提高了大葱的品质，维生素C的含量增加1.6%～24.3%，大葱中的硝态氮含量减少23.2%～39.7%，经济效益显著。

甘蓝缓控释肥施用技术

施肥时间及用量

甘蓝基肥要施足，一般占施肥总量的50%以上，以腐熟的有机肥为主，一般亩施5 000千克，加施甘蓝专用复合肥40千克。甘蓝在定植前35天左右对氮磷钾的吸收达到高峰，幼苗期和莲座期对氮的吸收量最大，应分次追肥。第一次在定植缓苗后，随浇水每亩冲施尿素10～15千克。第一次在定植缓苗后冲施尿素10～15千克。第二次在莲座叶形成之后，追肥量要大，为追肥的50%以上，可亩施尿素20千克，并施入硫酸钾10千克或甘蓝专用复合肥30～40千克。第三次在结球前期进行，以保证结球紧实，提高产量和品质，以速效肥料为主，随水冲施或沟施、穴施，施后中耕覆土，以免养分挥发。

施肥方式

施用甘蓝专用缓控释复合肥或缓控释尿素，一般于定植前做基肥施入，缓控释复合肥亩施40千克，再于结球前追施甘蓝专用复合肥30千克左右，其他生育期一般不再追肥。施用缓控释尿素时，注意补充磷肥、钾肥，做到平衡施肥，以获得较高的产量和良好的品质。

施用效果

北京市农林科学院甘蓝施用缓控释肥的试验结果表明，缓控释复合肥与普通复合肥相比，在减少氮磷钾用量50%的情况下，仍然显著增加了甘蓝的产量，净菜产量提高16.9%。缓控释肥显著降低了甘蓝中硝酸盐的含量，其中，外叶降低23.6%，内叶降低了26.4%；缓控释复合肥还增加了甘蓝对养分的吸收量，氮磷钾的吸收量分别增加了20.6%、20.3%和20.6%。

芹菜缓控释肥施用技术

施肥时间及用量

芹菜是一种喜钾作物，需钾素较多，氮素次之，磷较少。芹菜对钙敏感，缺钙可能导致心腐病发生。芹菜对硼和锌也较敏感，缺硼时叶柄易发生"劈裂"，施肥时叶面喷施效果较好，可有效矫正。

芹菜生育期较长，基肥应充足，一般亩施有机肥1 000～5 000千克，三元复合肥20～30千克，撒施后耕翻整地。育苗移栽的也可在定植前亩施5～7千克三元复合肥，促进幼苗生长。定植后60天是芹菜吸收养分的高峰期，每隔15～30天结合浇水追肥一次，每次每亩施尿素10～15千克。叶面喷肥对改善芹菜生长、提高产量、改进品质有显著作用，一般在追肥的基础上喷肥2～3次，可喷施0.3%～0.5%的尿素溶液，或同样浓度的磷酸二铵溶液，或0.3%氯化钙和0.1%硼砂溶液。

施肥方式

芹菜专用缓控释肥，生产上主要选用控氮型

或控氮钾型缓控释肥或掺混肥，可与基肥一起一次性施入，每亩施缓控释肥 40 千克，再于生长盛期追施芹菜专用复合肥 30 千克左右。缓控释尿素按照常规氮肥总用量的 70% 施入，但应配合磷肥、钾肥。

施用效果

施用缓控释尿素在芹菜上的试验表明，缓控释尿素比普通尿素增了产 11.5%～15.2%；氮的吸收量增加了 5.9%～9.5%，挥发量减少了 14.2%～14.9%。尿素当季的利用率提高了 19.2%～27.1%，芹菜植株内硝态氮的含量降低了 44.2%～58.9%；维生素 C 的含量显著增加，后茬生菜的产量增加 14.4%～35.2%。

茄子缓控释肥施用技术

施肥时间及用量

茄子对氮肥敏感，苗期氮肥不足，花的质量变差；结果初期缺氮易导致植株茎部叶片老化、脱落，结实率下降，产量降低。

茄子育苗需要较多的肥料，为培育壮苗，一般亩施优质有机肥 1 500～2 000 千克、三元复合肥 20～30 千克，或在菜园土中加入腐熟的马粪、人粪等配成营养土，土肥混合后浇水播种，或将营养土装入营养钵、育苗盘中播种育苗。基肥在定植前施入，亩施有机肥 5 000 千克，加施三元复合肥 40～50 千克。

幼茄"瞪眼"期追肥以尿素为主，亩施 15～20 千克，再于茄子膨大期亩施有机肥 1 000～1 500 千克、茄子专用复合肥 30 千克，以后还可根据实际情况适量追施尿素等氮素化肥。茄子四门斗期可酌情追施氮肥。

茄子从开花前开始，每隔 15～20 天喷施一次 0.05%～0.25% 的硼砂溶液、0.02%～0.05% 的钼酸铵溶液、0.2% 的尿素溶液及 0.3% 的磷酸二氢钾溶液，每亩每次喷 40 ～ 70 千克溶液，共喷施 2 ～ 4 次，可以起到明显的增产效果。

施肥方式

茄子专用缓控释复合肥一般于定植前与基肥一起施入，亩施 50 千克，再于"瞪眼"期每亩追施茄子专用复合肥 30 千克左右，基本上不再追肥，可减少多次追肥的用工。缓控释尿素对茄子生产也有较好的效果，施用时必须补充磷、钾和其他营养元素。

施用效果

茄子专用缓控释复合肥，对增加养分的吸收量、提高养分利用率、减少养分的挥发和淋失效果明显。一次性施肥不但可满足茄子生长对氮、磷、钾养分的需求，而且可以提高产量 10% 左右，同时茄子的品质也得到改善。

圆葱缓控释肥施用技术

施肥时间及用量

圆葱对钾的吸收量最大，氮次之。圆葱在定植时应施足基肥，亩施氮肥15～20千克、过磷酸钙15～25千克、硫酸钾15～20千克。圆葱育苗床内亩施有机肥2 000～3 000千克、氮6～8千克、五氧化二磷14～16千克、氧化钾4～6千克。圆葱制种田亩施有机肥4 000～5 000千克。

定植前20天，若幼苗长势偏弱，可追施一次肥料，亩施尿素5～10千克。幼苗定植后至土壤封冻前铺施土杂肥3 000千克，以保护幼苗安全越冬。翌年惊蛰幼苗返青时应追施催苗肥，没有覆盖地膜和没有在越冬前施用有机肥的可亩施有机肥1 500千克、复合肥30千克左右，覆盖地膜的可随水冲施一次速效化肥。返青后40～50天追施催头肥，可施复合肥40千克。后期应控制施肥量，以免引起贪青晚熟或造成鳞茎畸形。

施肥方式

圆葱专用缓控释肥主要选用控氮型或控氮钾

型缓控释肥或掺混肥，一般在定植前与有机肥一起施入，一次性亩施 70 千克左右，可以满足圆葱对养分的需求，以后不再追肥。也可施用缓控释尿素．施用量为氮肥总量的 70% ～ 80%，但应配合施入磷肥、钾肥，满足圆葱对三要素的需求。

施用效果

在圆葱上的试验表明，控氮型硫加树脂包膜尿素缓控释掺混肥与普通掺混肥相比增产 10% 以上，同时改善品质的效果也十分显著，不仅提高了肥料利用率，还减少了施肥用工，经济效益显著。

姜缓控释肥施用技术

施肥时间及用量

姜吸收钾最多，是喜钾作物。姜耐肥能力强，增施基肥是实现高产的关键。基肥有两种施法，一是施"盖肥"，即先开沟放姜种，在姜种上盖一层薄土，然后再铺施有机肥 3 000 ～ 4 000千克、复合肥 40 ～ 50 千克；二是在开沟后施有机肥 4 000 ～ 6 000 千克，另加硫酸钾型复合肥40 ～ 50 千克，施于沟的一侧，肥土混合后，在沟的另一侧播种姜种。

在施足有机肥的基础上，还应根据姜的生长发育时期分期追肥，一般在苗高 15 厘米左右时追施提苗肥，可亩施尿素 10 ～ 15 千克。姜苗高 30厘米，有 1 ～ 2 个分枝时，追施壮苗肥，亩施复合肥 15 千克，在植株 5 厘米外开浅沟施入。姜进入旺盛生长期时，可在姜的一侧 15 ～ 20 厘米处开沟，深 5 厘米左右，亩施有机肥 1 000 ～ 1 500千克或复合肥 40 ～ 50 千克，以后酌情追肥，以复合肥为主。

施肥方式

目前大田应用的缓控释肥料，以控氮磷钾型的缓控释复合肥或缓控释掺混肥为主，控释期在3～4个月。根据目标产量的不同，每亩施用姜专用缓控释复合肥70～90千克，与有机肥一起作为基肥施入，只要姜不出现脱肥现象，就不用再追肥。也可施用缓控释尿素，注意磷肥、钾肥平衡施用，施用量为普通尿素总用氮量的70%左右。

施用效果

试验研究表明，氮磷钾养分含量为18-7-16的缓控释掺混复合肥100%和减量20%处理，都显著提高了肥料利用率，促进了姜分枝和产量的增加，分别增产20.7%和34.9%，同时显著改善了品质，获得了显著的增产增收效果，经济效益显著。

西瓜缓控释肥施用技术

施肥时间及用量

高产西瓜对钾的吸收量最多，氮居中，磷最少。西瓜在不同生育阶段对养分的吸收量差异较大，幼苗期的吸收量占全生育期吸收总量的0.18%～0.25%，伸蔓期占20%～30%，膨瓜期吸收量最大，占70%～80%，此期吸收的钾最多。

西瓜应重视基肥的施用，基肥以有机肥为主，适当补充磷肥、钾肥；中等肥力的地块，一般每亩施有机肥4 000～5 000千克、高浓度复合肥40～50千克。西瓜苗定植后通常追肥3次，分别在缓苗后、伸蔓期和坐瓜后进行。施肥以氮肥为主，可亩施尿素10～15千克；伸蔓期有机肥和化肥可穴施，在瓜苗一侧开穴施入，亩施有机肥1 000千克、复合肥15千克；坐瓜后亩施复合肥20千克。西瓜叶面施肥效果较好，通常喷施0.2%～0.3%的磷酸二氢钾溶液，尿素溶液等，多在坐瓜后开始施用，每5～7天喷一次，连喷3～4次。西瓜是忌氯作物，不能施用氯化钾、氯化铵等含氯肥料。

施肥方式

西瓜专用缓控释肥多以控氮型缓控释肥或控氮磷钾型缓控释掺混肥为主，控释期在 4 个月左右。一般一次性作为基肥施入，亩施 70 千克左右，一般不再追肥。也可施用缓控释尿素，但必须配合施用磷肥、钾肥，保证施肥平衡。

施用效果

研究表明，施用控氮型缓控释尿素掺混肥处理的西瓜主蔓长度、结瓜数、单瓜重都明显增加，比施用普通尿素产量增加了 27.2%。施氮量减少20% 时，仍比普通速效肥料增产 10.8%，品质亦有所改善。

甜瓜缓控释肥施用技术

施肥时间及用量

甜瓜吸收钾最多，氮次之，磷最少。基肥以有机肥为主，亩施有机肥 4 000～5 000 千克，复合肥 60～70 千克。基肥的一半在整地时普施，另一半施入垄底。在施足基肥的基础上进行 1～2 次追肥，植株伸蔓期追肥以速效氮肥为主，适当配合磷肥、钾肥，每亩施 20～25 千克，施肥后浇水；幼瓜长到鸡蛋大小时，可亩施甜瓜专用复合肥 20～30 千克，同时可以喷施叶面肥。

施肥方式

甜瓜专用缓控释肥可选用控氮型缓控释肥或控氮磷钾型缓控释复合肥或缓控释掺混肥，可与基肥一起一次性施入，亩施 70 千克左右。以后一般不再追肥，生育中后期有脱肥现象时可适量追肥。施用缓控释尿素的效果较好，但需要配合施用磷肥、钾肥。

施用效果

试验表明，甜瓜施用缓控释尿素与普通尿素处理相比增产了 19%，品质得到显著改善。包膜缓控释尿素的释放曲线与甜瓜植株氮素的吸收规律相吻合，有效提高了氮肥的利用率，促进了甜瓜的健壮生长和优质高产。

哈密瓜缓控释肥施用技术

施肥时间及用量

哈密瓜属于厚皮甜瓜类型，一般在新疆维吾尔自治区种植。哈密瓜以施有机肥为主，辅以化学肥料。高产瓜田，一般亩施有机肥 3 000 千克、复合肥 40 千克。追肥量不大，在坐瓜期或膨大期酌情追肥。

施肥方式

哈密瓜专用缓控释肥可选用控氮型缓控释肥或控氮磷钾型缓控释复合肥或缓控释掺混肥，于定植前与有机肥一起施入，亩施 40 千克即可，一般不再追肥。施用缓控释尿素对提高产量和改进品质的效果良好，但需要补充相应的磷肥、钾肥，达到平衡施肥的目的。

施用效果

新疆农科院的试验表明，施用树脂包膜缓控释尿素配合磷钾肥处理，显著增加了哈密瓜的产量，与普通尿素相比增产率达 22.2%，树脂包膜缓控释尿素70%比等养分的普通尿素70%处理，增产了17.7%。树脂包膜缓控释尿素100%处理和70%处理的哈密瓜，维生素C和可溶性糖的含量都显著高于普通尿素处理。施用专用缓控释掺混肥比农民习惯性施肥增产10.8%，差异显著；维生素C和可溶性糖的含量都明显高于农民习惯性施肥的，可滴定酸的含量也有所升高，口感和风味更好。

第七章

经济树木缓控释肥施用新技术

杨树缓控释肥施用技术

施肥时间及用量

速生杨树造林时施用有机肥的基本上只施用氮肥，氮的施用量远高于吸收量。中国林业科学研究院林业研究所对黄淮海平原的速生杨树提出了5种施肥方案，其中应用较多的是造林时每株施有机肥5～10千克，造林密度为每亩20株、42株时，第二年5月每株分别施尿素0.20～0.33千克、0.10～0.16千克，第三年5月每株分别施尿素0.33～0.55千克、0.16～0.27千克；沙质土壤造林时，每株施有机肥2～5千克，若每亩22株，则前3年每株分别施尿素0.12千克、0.18千克和0.27千克。在长江中下游平原提出了3种方案，应用较多的为造林时每株施有机肥5～10千克，造林密度为每亩20株、42株时，第二年5月每株分别施尿素0.20～0.33千克、0.10～0.16千克，第三年5月每株分别施尿素0.33～0.40千克、0.16～0.19千克。

施肥方式

缓控释尿素增产效果好，成本低，建议施用缓控释尿素或控氮型缓控释掺混肥，不必施用缓控释复合肥。造林时每株施 5 ～ 10 千克优质有机肥，当年秋季杨树落叶时或翌年杨树发芽前施入缓控释尿素，翌年生长盛期追施一次，数量为上述施肥方案中尿素总施用量的 70% ～ 80%。

施用效果

试验表明，控氮型缓控释肥提高了肥料利用率，促进了杨树生长，树高、茎粗、分枝长度、生物产量都比施用普通速效肥显著增加，减量施用仍有增加的趋势。

茶树缓控释肥施用技术

施肥时间及用量

每生产100千克干茶叶需吸收氮10～12千克、五氧化二磷5千克、氧化钾5千克，吸收的氮最多，吸收比例约为1.0∶0.5∶0.5。在山东省，基肥的施用时间是白露前后，基肥应占全年总施用量的70%，幼龄茶园亩施有机肥1 000千克、饼肥50千克、过磷酸钙25千克、硫酸钾10千克；投产茶园亩施有机肥2 000～3 000千克、饼肥100千克、过磷酸钙25～50千克、硫酸钾15～20千克。基肥施用深度为20～30厘米。追肥分春茶、夏茶和秋茶，春季追施催芽肥，在茶芽伸长至茶叶初展开时施入。为使夏茶和秋茶获得高产，必须在春茶多次采摘后及时补充养分，于春茶采摘结束后夏茶采摘前进行第二次追肥，夏茶采摘结束后进行第三次追肥，全年3次追肥氮、磷、钾的比例约为1∶0.5∶0.5。只采春茶、夏茶，不采秋茶的地区，追施氮、磷的比例约为1∶0.4。通常高产茶园每次亩施复合肥15～20千克。

茶园喷施叶面肥有较好的增产效果，适宜的喷施浓度为尿素 0.5%、硫酸铵 1%、过磷酸钙 1%、硫酸锌 50 毫克 / 千克、硼酸 50 ～ 100 毫克 / 千克、钼酸铵 20 ～ 50 毫克 / 千克。在采茶季节喷施无机叶面肥时，需要间隔 10 天才能采茶，喷施有机叶面肥时应间隔 20 天。

施肥方式

只采春茶和夏茶的茶树，缓控释肥可选用缓控释尿素或控氮型缓控释掺混肥，一般与基肥一起施入，也可于春季萌芽前施入。在施足基肥的基础上高产茶园亩施 60 千克左右即可，一般不再追肥。采秋茶的茶树应在采收夏茶后及时追肥一次。缓控释尿素的增产效果也很好，施用时配合施用磷肥、钾肥。

施用效果

试验表明，缓控释肥处理比等养分含量的复合肥处理，茶树的生长量明显增加，其中树茎、新梢长度、新梢数量的增加均达到极显著的水平；春茶产量增加 40.5%，叶片中硒、锌和氨基酸的含量有显著增加。缓控释肥在茶树上应用养分利用率高，一次施肥能满足茶树整个采茶生长期

对养分的需求，促生和催芽效果明显，经济效益
显著。

桑树缓控释肥施用技术

施肥时间及用量

各地桑园的施肥量差别较大，山东省莱芜市 17 年生湖桑桑园，每生产 2 900 千克桑叶的施肥量为有机肥 7 500 千克、尿素 125 千克、磷酸二铵 10 千克。一年四季桑园均需施肥，桑园四季施肥的原则是：早施春肥，重施夏肥，巧施秋肥，施足冬肥。丰产桑园春季施 2 次肥，第一次于发芽前施入，第二次于第一次施后 35 天左右施入，以氮肥为主，施用量占全年施用总量的 30%。夏肥在夏伐后至 7 月下旬施入，一般分 3 次进行，第一次于夏伐后立即施入，第二次于 7 月初施入，第三次于 7 月下旬施入，南方桑园可适当提前，以氮肥为主，配合磷肥、钾肥，施肥量占总施肥量的 40% 左右。秋肥分 2 次进行，第一次于秋分后，第二次于 8 月底施入，施用以氮素为主的三元复合肥，施用量占总施用量的 10% 左右。冬肥结合冬耕进行，以有机肥为主，亩施 4 000 ~ 5 000 千克。另外，桑树生长季节可以视桑叶的长势长相进行根外追肥。

桑树施肥应注意施用深度，一般将肥料施入根系密集层。桑树的类型不同，根系密集层的深度也不同，地桑为 15～20 厘米，低干桑为20～30 厘米，中干桑为 20～35 厘米，高干桑为 30～40 厘米，应将此作为施肥深度的依据。

施肥时，当年栽植的桑树应距桑株 17～34 厘米，第二年 33～50 厘米，第三年 50～70 厘米，生产上在树冠垂直投影的外缘施肥较合理。桑树是次忌氯作物，施肥时应降低肥料中氯的含量。

施肥方式

桑树专用缓控释肥料有控氮型缓控释尿素掺混肥和控氮磷钾型缓控释复合肥或掺混肥，一般于春天桑树发芽前施入，再于夏伐后追施一次，用量为常规施用量的 70%～80%。施用缓控释尿素时，应补充磷肥、钾肥。从桑叶产量和经济效益的角度看，施用缓控释尿素更合算。

施用效果

试验表明，施用桑树专用缓控释肥能提高养分利用率，减少施肥次数，降低施用量，提高叶片中养分和叶绿素的含量，增加叶面积，提高光合速率，最终提高桑叶的产量和品质。缓控释肥一次性施用，减少了施肥次数，避免了多次追肥对根系的伤害，且能满足桑树年生长期间对养分的需求，应用效果很好。

桉树缓控释肥施用技术

施肥时间及用量

桉树施肥一般分为基施和追施。基肥：种植前每穴施复混肥料或桉树专用肥 0.25 ～ 0.5 千克，肥料施入穴内，回填一层 1 ～ 2 厘米厚的表土。追肥：植后 1 个月或幼树长高 1 米后，开始追肥，每株施复混肥料或桉树专用肥 0.25 千克，促进桉树早长快发；第二年，3 ～ 4 月追肥一次，每株施复混肥料或桉树专用肥 0.5 千克；第三年和第四年各追肥一次，每株施复混肥料或桉树专用肥 0.8 千克，促进桉树快速成材，4 ～ 5 年即可砍伐，亩产木材可达 6 ～ 8 立方米。施肥时，离树根 30 厘米处，在树根上坡方向，开月牙形施肥沟或在树根的上方、左右两侧各开一个施肥穴，施后覆土，防止肥料流失。

施肥方式

桉树专用缓控释肥料可选用控氮型缓控释掺混肥和控氮钾型缓控释复合肥或缓控释掺混肥，控释期 4 ～ 5 个月，一般于春天发芽前施入，用量为常规施用量的 70% ～ 80%。

施用效果

试验表明，缓控释肥能提高养分利用率，减少施肥次数，降低施用量。缓控释肥一年可一次性施用，减少了施肥用工，避免了多次追肥对根系的伤害，且能满足桉树年生长期间对养分的需求，应用效果很好。

第八章
花卉草坪缓控释肥施用新技术

牡丹缓控释肥施用技术

施肥时间及用量

田间种植的牡丹，在冬前施入足量腐熟的有机肥，一般结合浇冬水亩施优质有机肥3 000千克左右，以利于植株安全越冬，并为翌年春天萌芽生长提供充足的营养物质。翌年一般进行2次追肥，第一次追肥在早春解冻后、牡丹萌动前进行，施入以氮肥和磷肥为主的肥料，称为花前肥，此次追肥为牡丹茎枝生长提供充足的营养，亩施复合肥15千克左右。第二次追肥于谢花后进行，一般施入腐熟的饼肥或三元复合肥，以补充植株生长开花所消耗的养分，促进新的花芽分化。此次的施肥量可以适当多一些，亩施复合肥20千克左右。

盆栽牡丹定植时，最好施用事先配制好的营养土。营养土的成分为30%充分腐熟的畜禽粪便、30%的河沙、40%的沙质壤土，充分混匀、装盆，然后定植牡丹苗。追肥时用饼肥水和粪便水浇施，多在花前和花后各浇施一次。开花前及花芽分化期可分别喷施0.2%～0.3%的磷酸二氢钾溶液。

施肥方式

牡丹专用缓控释肥常用控氮磷钾型缓控释复合肥,于春季牡丹萌动前一次性施入,一般生育期不再追肥。田块种植在施足有机肥的基础上,亩施缓控释复合肥 30 ～ 35 千克。若施用缓控释尿素,施用量为普通尿素用量的 70% 即可,但应适当加入磷肥、钾肥等,以满足牡丹对其他营养元素的需要。

施用效果

牡丹专用缓控释肥,一次性施肥可以完全满足牡丹生育期对养分的需求,有效提高了肥料的利用率,节约肥料,牡丹植株健壮,枝繁花茂,花色艳丽,花大,花期延长,提高了牡丹花的观赏价值,经济效益好,值得推广。

红掌缓控释肥施用技术

施肥时间及用量

盆栽红掌对盐分比较敏感，因此施肥量和施用浓度不宜过大，否则会引起花朵缩小、茎秆矮小，明显降低观赏价值。红掌定植苗小时应适当追施氮肥，减少磷肥、钾肥的用量。生长盛期，每天每平方米施入红掌专用肥液 2～4 升，每升肥液的养分量不少于 1 克，以氮肥为主。开花期和采种植株适当增施磷肥、钾肥，注意晴天追肥适当多一些，阴天适当少一些。秋末和冬初适当减少追肥次数，并增加磷肥、钾肥的用量，增强植株的抗寒性。冬季控肥、少浇水，保证植株安全越冬。温度在 15℃ 以下时不宜施肥。

施肥方式

因为红掌叶片表面有蜡质，影响其对养分的吸收利用，所以红掌不宜进行叶面追肥，最好从根部滴灌。灌溉和施肥时要保持叶片和花朵清洁，保证红掌正常生长。在雨季没有设施栽培的情况下，最好施用缓控释肥。红掌多为盆栽，施用红掌专用控氮磷钾型缓控释复合肥或缓控释尿素，每盆含纯氮 1.5 克为最佳用量，一般于定植缓苗后施入。

施用效果

研究表明，缓控释复合肥促进了植株叶绿素的合成，增加了株高、茎粗、叶面积、叶片数、生长势、植株干重和鲜重等。缓控释复合肥处理的红掌花型匀称，花色鲜艳，开花量多，提升了花卉的观赏价值。缓控释复合肥的应用效果明显好于普通复合肥、有机花肥和空白处理。

月季缓控释肥施用技术

施肥时间及用量

月季定植前，每亩施入充分腐熟的鸡粪5 000千克，另加适量钙镁磷肥。从月季定植成活到现蕾期，每2周浇施一次速效化肥，如硝酸铵2 000倍液、硫酸钾4 000倍液、硫酸铜5 000倍液，每周喷施一次磷酸二氢钾1 000～2 000倍液、尿素3 000倍液、硼砂4 000倍液；每隔3周喷施一次5～10毫克/千克的赤霉素溶液。花期于根部追肥，每隔10天左右一次，如硝酸铵2 000～3 000倍液、硝酸钾1 500倍液；每周喷施一次叶面肥，如磷酸二氢钾1 000倍液、尿素2 000倍液、硼砂1 500倍液、钼酸钠3 000倍液。盆栽月季施肥应注意5点：一是生长期以浇施为主，并掌握薄肥勤施的原则（薄肥即7份水、3份充分腐熟的人粪尿或饼肥），每周1次，未经腐熟的肥液不能直接浇入盆中。在7—8月高温季节，月季处于半休眠状态，不要追肥。若植株明显缺肥，可酌情追施1次。二是以施用充分腐熟的有机肥为主，施用化肥要慎重。三是追肥选择晴天进行，追肥前先松土。四是施肥后第二天浇水，以免发生肥害。五是施肥时肥液不能沾到花和茎叶上，防止伤害花和茎叶，追施时沿盆边施入。

施肥方式

盆栽月季每盆缓控释肥的用量最好是含纯氮1.6克，定植缓苗后施入。田间种植，在施足有机肥的基础上，每亩施用月季专用缓控释肥40千克左右，通常于春季萌芽前施入，第一次谢花后可酌情追施一次。

施用效果

控氮磷钾型缓控释复合肥处理与普通复合肥处理、有机花肥处理、空白处理比较，缓控释复合肥处理的月季花型匀称，花色鲜艳，开花量多，有效提高了月季花的观赏价值。缓控释复合肥提高了植株硝酸还原酶的活性，增强了根系活力，施用效果明显好于普通复合肥、有机花肥和空白处理。

玫瑰缓控释肥施用技术

施肥时间及用量

玫瑰以施用基肥和有机肥为主,一般落叶后施入,亩施有机肥3 000千克,开沟施入。秋季施肥尽量提早,早施可使受伤的根系早愈合,并生长出新根,有利于翌年春季玫瑰植株旺盛生长。追肥在春、夏生长季节进行,一般追肥4次,平均每亩用三元复合肥10~20千克。第一次于玫瑰萌芽期进行,此时根系开始生长,地上部分萌动发芽,追肥可有效促进新枝叶生长。第二次于花蕾期进行,此时玫瑰展叶,根系生长进入高峰期,需肥量大,施肥量应大一些。第三次于盛花期进行,此时养分不足将直接影响鲜花的产量和质量,施肥量同第二次即可。第四次于花后期进行,此时枝叶的生长量很少,基本停止生长,需肥量不多,追肥可略少于第一次。

施肥方式

大田种植的玫瑰,可用控氮型专用缓控释掺混肥或控氮磷钾型缓控释肥合肥,一般于萌芽前施入，也可于秋季与有机肥一起施入，亩用量30千克左右。于花期追肥一次，亩用量10千克左右。也可施用缓控释尿素，用量为普通尿素的70%，但应配合施用磷肥、钾肥。

施用效果

试验和示范的结果表明，缓控释肥明显促进了玫瑰生长，花色艳丽；养分缓慢释放，与玫瑰的需肥规律基本一致，减少了肥料的损失，节肥省工，经济效益显著。

菊花缓控释肥施用技术

施肥时间及用量

菊花是比较耐旱和耐瘠薄的花卉品种，因此对肥水的要求不严。大田栽培于播种前施入有机肥1 000千克，5叶期时施适量化肥，生长盛期每隔10天追施一次5倍水的充分腐熟的尿液。值得注意的是，菊花对施肥量比较敏感，不宜过大，施肥量偏大容易抑制幼苗生长发育，生育中后期引起徒长，降低观赏价值。

施肥方式

大田种植，在施入基肥时可用控氮型专用缓控释掺混肥或施缓控释尿素即可，一般每亩用10千克左右，以后不再追肥。盆栽宜选用控氮磷钾型缓控释肥合肥，每盆施含纯氮3.5克的缓控释复合肥即可。

施用效果

施用缓控释复合肥与施用普通复合肥、有机花肥和空白处理比较，缓控释复合肥有效促进了菊花生长发育，叶绿素的含量增加，生长势强，株高、茎粗、叶面积、叶片数、植株鲜重和干重都有所增加，花艳丽、花型均匀，提高了观赏价值。

一串红缓控释肥施用技术

施肥时间及用量

采用穴盘育苗的营养土由草炭、专用花土、珍珠岩按照6:3:1的比例配制而成。子叶出土后开始喷肥，尿素的喷施浓度为3000倍液、磷酸二氢钾1000倍液。2片真叶展开后移栽入盆中，定植盆内的营养土由园土、腐熟的有机肥、河沙配合而成，比例为6:3:1，另加少许尿素。开花后根据植株的长相，每隔15天左右追施一次尿素，每次20～30粒，中间也可喷施磷酸二氢钾溶液。田块种植时亩施有机肥4000千克，生长期间施用复合肥30千克。

施肥方式

田块种植在施足有机肥的基础上，作为基肥一次性施入花卉专用控氮型缓控释掺混肥或施缓控释复合肥，一般不再追施肥料就可以满足一串红生长发育对养分的需求，同时延长花期，增加了观赏价值。

施用效果

缓控释复合肥在穴盘育苗中的应用试验表明，缓控释肥明显增加了株高、叶面积、叶绿素含量和生物量，有效提高了幼苗的质量。根据壮苗指标综合评定，缓控释肥明显好于普通肥料。施用一串红专用缓控释肥，不论是田块种植还是盆栽，一次性施用的效果都很好，一串红生长健壮、叶片和花颜色鲜艳，观赏价值得到提升。

百合缓控释肥施用技术

施肥时间及用量

百合的需肥量较一般草本花卉要大，应重施有机肥，配合三元复合肥。选择土层深厚、排水良好的土壤栽培，结合整地，亩施优质有机肥 2 000～3 000 千克、花卉专用复合肥 30 千克，作为基肥施入。追肥一般分 3 次进行，第一次于春天齐苗后进行，亩施充分腐熟的人畜粪水 1 000～2 000 千克或通用型复合肥 20 千克；第二次于开花前进行，亩施通用型复合肥 30 千克；第三次于开花后进行，亩施高氮高钾型复合肥 20 千克。在百合生育中后期酌情喷施几次 0.2% 的磷酸二氢钾溶液或 0.3% 的尿素溶液，或微量元素溶液。

施肥方式

大田栽培施用百合专用控氮磷钾型缓控释复合肥，一般与基肥一起施入，亩施 50 千克即可，以后不再追肥，可满足百合生长发育对营养的需求。盆栽百合缓控释肥的用量为习惯施用复合肥用量的 80% 即可。

施用效果

百合专用缓控释复合肥，施用后能够有效地促进百合的花芽分化，花苞硕大，开花数增加，观赏价值进一步提升。大田生产、切花生产和盆栽施用百合专用缓控释复合肥或控氮型缓控释掺混肥的效果都很好。

仙客来缓控释肥施用技术

施肥时间及用量

仙客来多采用盆栽，通常4月开花末期换盆。盆土用腐熟的树叶2份、园土1份、河沙1份混合而成，每千克营养土加入3克复合肥，氮、磷、钾的比例为1:6:1，要求磷的含量高。5月上旬每盆施入3克复合肥，氮、磷、钾的比例为1:1:4，要求钾的含量较高，经常浇清水保持盆土湿润。5月中旬仙客来进入休眠期，不宜再施肥。秋季是仙客来最适宜生长的时期，9月换盆，盆土用腐熟的树叶4份、园土3份、河沙3份配成。将仙客来从原盆中倒出，用清水洗净，剪去3厘米以下的根，用75%百菌清600倍液浸泡30分钟，晾干后入盆。换盆时加入少量有机肥、饼肥、骨粉，栽植时球茎露出土面1/3。换盆后浇水，适当遮阳，1个月后施入一次液体肥料，生长期间酌情追施磷酸二氢钾、尿素溶液或微量元素叶面肥。

施肥方式

盆栽仙客来一般施入 6 克观花类控氮磷钾型缓控释复合肥，于换盆时施入，以后不再施肥。施用方法简单，施用方便，省工省力，肥效持久，效果好。

施用效果

观花类缓控释复合肥，肥效长，养分释放与仙客来的需肥规律大体一致，一次施肥可以满足仙客来全生育期对养分的需要；植株生长旺盛，叶片大，花色鲜艳，花期延长，提升了观赏价值和经济效益。盆栽与田块栽培应用观花类缓控释复合肥的效果均比较好。

一品红缓控释肥施用技术

施肥时间及用量

盆栽要求栽培基质具有良好的通气性和排水性，基质已向无土化方向发展。基质原料多采用泥炭土、蛭石、珍珠岩、河沙、木屑等，常见的配方有泥炭土、蛭石、珍珠岩三者的比例为 1:1:1；泥炭土、蛭石、珍珠岩、河沙四者的比例为 2:2:1:1；适宜的 pH 值为 5.5～6.5，肥料管理对一品红的生长非常重要，施肥略有不慎就会影响其生长和品质。一般每次浇水都施入肥液，这是目前最流行、最简单、最经济的施肥方法，在浇水时要控制施肥量，防止盐分过量积累。常用的肥料配方为氮、磷、钾、钼的比例为 2 600:800:2 000:1（浓度单位为毫克/千克），也可在生长旺季适当提高至 5 000:2 000:3 000:2。

施肥方式

施用通用型缓控释复合肥或控氮型缓控释专用 BB 肥，于定植时一次性施入，生长季节不再追肥，可满足一品红全生育期对养分的需求，并能达到花大色艳的效果。施用量为习惯施肥总量的80%左右即可。

施用效果

试验表明，在全量施氮（100%N）的条件下，树脂包膜缓控释尿素100%处理的苞叶数、干物质重较普通尿素100%分别提高了65.2%、91.1%；在减氮（70%N）条件下，树脂包膜缓控释尿素70%处理的苞叶数和干物质重较普通尿素70%分别提高了40%和40.3%。据浙江大学研究，施用缓控释尿素与普通尿素等氮素为佳，株高增加了6～8厘米，冠径增加了8～9厘米，苞叶数增加了5～8片，苞径增加了4～7厘米，植物干重增加了7～9克，差异均为显著或极显著。施用缓控释专用BB肥，与花卉常规施肥（奥绿肥底施，每周叶面喷施1次营养液）比较，在植株干重、冠径方面不如常规施肥，其他指标则以缓控释专用BB肥为好。

君子兰缓控释肥施用技术

施肥时间及用量

君子兰施肥以薄肥勤施为原则，切忌施用浓肥和未腐熟的肥料。植株小的君子兰，在春、秋生长季节可每隔 10 天左右施一次以氮肥为主的薄肥，促使其生长枝叶。植株大的君子兰，在春季开花后和秋季开花前，每周施一次氮、磷结合的薄肥，直到冬至，翌年春季再追施 2～3 次。夏季炎热多雨，不宜施肥，以免烂根。植株大的君子兰，若营养不足或过多施用含氮量较高的肥料，会出现只长叶不开花的现象。

施肥方式

君子兰专用多营养控氮磷钾型缓控释复合肥，一般于盆栽君子兰换盆时一次性施入，以后一般不再追肥，施用量为盆栽君子兰习惯施用量的80% 左右，既可以满足君子兰生长对养分的需求，又不会因施肥过多而对植株造成伤害。

施用效果

君子兰专用多营养缓控释复合肥，控释期选择 6 ～ 9 个月，一次施肥即可满足君子兰年生长周期对养分的需求，养分利用率显著提高，节省肥料，减少施肥用工；养分释放稳定，释放期长；植株生长快而健壮，叶片和花朵鲜艳，提高了观赏价值，增加了经济效益。

茉莉缓控释肥施用技术

施肥时间及用量

营养土一般由2份砻糠灰、3份腐叶土、5份园土混合而成，翻盆后浇足水。在长江流域，一般5月中旬新的枝梢开始陆续抽生，这时可以施稀粪肥（肥水比例为1:5）1~2次。5月出现第一次花蕾，一般要摘除，以促进新梢抽生，孕育更多更好的花蕾。摘蕾后每3天施一次肥，从6月下旬到7月上旬是茉莉花的开花盛期，这阶段的肥液浓度可提高一些（肥水比1:3），并做到勤施，8月上旬是茉莉花开花的第二次高峰期，需提高肥液的浓度，肥水比为1:1，到8月下旬花期结束，可每周施肥1次。9—10月是茉莉花的第三次花期，此时已进入深秋，施肥应逐渐停止，浇水量也慢慢减少。

施肥方式

花卉专用缓控释肥于定植或翻盆时一次性施入，通常不再施肥，每盆的施用量为年施用总量的80%左右。若有缺肥现象，可酌情追肥，可采用叶面追肥法。

施用效果

花卉专用缓控释肥用于盆栽茉莉，效果显著，有效提高了养分利用率，促进了茉莉生长，叶片颜色深绿，叶片大，开花量多，花大而鲜艳，提升了茉莉花的观赏价值。

草坪草缓控释肥施用技术

施肥时间及用量

施用高比率的速效氮肥，可以得到最好的草坪观赏效果；速效氮肥与缓效氮肥混合施用时，可减少草坪草的总氮用量，而维持草坪的高质量；而天然有机氮源的施用，则可导致草坪某些病害发病率的提升。不同形态的氮素对草坪草的效应也有所不同。混合施用硝态氮和铵态氮肥能够提高匍匐翦股颖草坪的质量，特别是在各个季节都表现出更好的颜色，且根量增加。氮是草坪需求量最多、最为关键的营养元素，在草坪草的生长发育过程中起主导作用。氮肥可明显促进草坪草生长，是形成致密草坪的可靠保证，而且氮肥可促进草坪分蘖，增加草坪密度，提高草坪质量。结构合理的草坪，理想的施肥氮水平是每年 200 ～ 400 千克 / 公顷，氮磷钾的质量比以 5 : 3 : 2 为佳。

施肥方式

在草坪草上施用缓控释肥以控氮型缓控释

专用 BB 肥为主，多在早春草返青前作为基肥一次性施入，施用量一般为全年施用普通肥总量的80%左右。

施用效果

在国外，草坪草应用缓控释肥比较早，目前在高尔夫球场应用广泛，效果非常显著。国内的研究表明，草坪草专用缓控释肥养分的释放速率与草坪草生长的需肥规律基本一致。施用缓控释肥的草坪绿化迅速，在维持草坪的色泽，提高其质感、弹性和密度等方面都有明显的优势。由于养分释放缓慢，不会造成草徒长，肥效长达150天，可减少施肥量和剪草强度，提高草坪质量，降低维护成本。

牧草缓控释肥施用技术

施肥时间及用量

　　牧草的施肥一般分两个阶段，即播种前的基肥和牧草生长期的追肥，施肥前应根据土壤状况和牧草种类来制定施肥的时间、施肥种类和施肥量，以满足牧草生长的需要。牧草的基肥施用一般有两种形式，一是播种前根据土壤情况施足底肥，底肥一般每亩田施厩肥 1 500～2 500 千克，磷肥每亩 10～20 千克，钾肥每亩 5～10 千克。二是种肥，即播种时将肥料和种子同时播入土中，以满足牧草幼苗生长的需要。种肥可施在播种沟内，盖在种子上，或经过浸种、拌种处理后施于土壤中。追肥是在牧草出苗后根据牧草的长势及时地进行施肥。牧草在分蘖期和拔节期是对养分最敏感的时期，在抽穗期和每次刈割后是生长旺盛期，这两个时期进行追肥效果尤为显著，另外，每年冬季和春季要追加一定数量的有机肥，能促进牧草生长，对稳定高产有极其重要作用。秋季给豆科牧草追肥以磷肥为主，可增加抗寒能力，利于牧草安全越冬。禾本科牧草追肥主要以氮肥为主，并要综合考虑氮、磷、钾的配比。豆科牧草除苗期追氮肥外，其他时期以磷肥和钾肥为主。

施肥方式

牧草上施用缓控释肥以控氮型缓控释专用 BB 肥为主，多在早春草返青前作为基肥一次性施入，施用量一般为全年施用普通肥总量的 80% 左右。

施用效果

缓控释肥应用于牧草，增产效果显著，能有效提高养分利用率，减少施肥用工，促进牧草均衡生长，提高牧草粗蛋白质含量。

第九章

缓控释肥应用新技术

缓控释肥种肥接触育苗技术

技术简介

控释肥料是能按照设定的释放率（%）和释放期（天）来控制养分释放的肥料；水稻种肥接触型控释氮肥是在水稻播种或育苗时，能够直接与种子接触施用的一类控释氮肥；种肥接触育苗是将种子与肥料直接接触的育苗技术；全量施用技术是将作物整个生育期内所需的肥料一次性施用的技术。

在水稻生产中，氮肥对水稻增产和品质的提高起着极其重要的作用。但目前传统的水稻栽培施肥方法存在缺陷，如氮肥的利用率只有30%～50%，大量的氮肥因挥发和淋洗，不仅造成了肥料资源的浪费，还污染了环境。另外，传统的施肥方式（基肥加2～3次追肥），需要大量的劳动力。目前农村劳动力缺乏，推行多次追肥的种植方式，难以进行。为了解决上述问题，特制定《水稻种肥接触型控释氮肥全量施用技术规程》，以达到减少劳动用工、提高氮肥利用率、水稻高产高效优质生产的效果。

本技术已在山东省多地进行了多年试验示范与推广。通过将水稻整个生育期所需要的氮肥通过控释氮肥的形式，在育苗时与种子一起播种施用，水稻秧苗成苗后，可带肥插秧，此后不需再追施氮肥。该控释氮肥和施用方式，可使氮肥利用率提高到70%以上，而且不需要追施氮肥，大大减少了劳动用工。多年试验推广结果证明，采用本技术可显著节省氮肥用量，显著提高水稻产量及品质，有利于水稻高效优质生产，同时减少面源污染，提高农业生态环境质量。

技术要求

（1）种子选择：适于当地种植的水稻品种，种子纯度、净度、发芽率、水分含量等质量指标应符合国家标准GB 4404.1《粮食作物种子 第1部分：禾谷类》的要求。

（2）控释氮肥选择：所用控释氮肥应同时满足下列3个要求。①在25℃水中，40天内的氮素养分累积释放率应控制在1%～2.5%；②40天后应能加速释放；③在150天内氮素养分累积释放率应超过85%。其他质量指标应符合行业标准HG/T 4215《控释肥料》的要求。

（3）基质准备：选择当地水稻土0～15厘米

的表土，与符合行业标准 NY 525《有机肥料》要求的有机肥按体积比 1:1 混合，每立方米基质加入 2～3 千克磷酸二氢钾，混匀后过 5 毫米筛。

（4）基质装盘与播种：先在育苗盘内铺上 2 厘米的育苗基质，再撒上控释氮肥（纯 N：1.2～1.9 千克 / 平方米），每平方米均匀撒播 750 克种子，最后覆盖 1 厘米厚的育苗基质。

（5）育苗管理：①将水稻育苗盘用草帘盖好，将水不断喷洒在草帘上，使其均匀渗入到育苗盘内，直到育苗盘内的育苗基质充分吸水，并有少量水从育苗盘底部渗出为止；②每天需喷水 1 次，保持育苗基质的湿润，直至水稻种子萌发出苗。水稻种子均匀出苗后（大约苗高 1 厘米），即可去除草帘，每天早晚各浇水 1 次，每次浇水 4 毫米；③在水稻出苗 10 天后，每平方米育苗盘均匀喷施磷酸二氢钾 45 克和七水硫酸锌 4 克，立即浇水；④插秧前，需要加大浇水量和浇水次数。

（6）耕作与施肥：移栽前，土壤耕作按照 NY/T 5117《无公害食品　水稻生产技术规程》的要求执行。磷钾肥的施用应符合 NY/T 496《肥料合理使用准则　通则》的规定，磷钾肥一次性基施，灌溉。

（7）秧苗带肥移栽：秧苗 40 天左右，带肥移栽，分苗时 2～3 棵苗在一起，秧苗需要量为 80 平方米 / 公顷稻田。

（8）田间管理：按行业标准 NY/T 5117《无公害食品 水稻生产技术规程》执行。

（9）支撑材料：本技术已作为山东省地方标准 DB37/T 2555—2014《水稻种肥接触型控释氮肥全量施用技术规程》，于 2014 年 9 月 9 日实施。

水稻种肥接触型控释氮肥全量施用移栽时的秧苗

缓控释肥种肥同播技术规程

技术简介

种肥同播是在作物播种时，使用播种施肥机，通过设置适宜的种子和肥料距离，安全有效地将种子和肥料一次性播入土壤的技术。缓控释肥种肥同播技术是在作物播种时一次性将缓控释肥播施下去，大田作物生育期内不再追肥，解决了农民对作物需肥用量把握不准的问题，同时又省工省时省力，是一项农村劳动力缺乏现状下值得大力推广应用的机械化施肥技术，是"良种＋良肥＋良法"生产方式的一种具体体现，同时也符合2012年中央一号文件关于"加快农业机械化，积极推广精量播种、化肥深施技术"的相关要求。

目前小麦、玉米、棉花、花生等作物大田播种、收割已基本实现机械化，但施肥、追肥还较传统，劳动力投入较大、成本较高；施用速效肥料还需要在小麦返青或拔节期、玉米大喇叭口期、棉花花铃期追施肥料，有的农民施肥时直接将肥料撒到地表，肥料挥发、淋失严重，肥料利用率很低。

缓控释肥种肥同播技术，改变了农民习惯撒施、浅施和对用肥量以及肥料配方把握不准的问题，有利于提高作业效率和大幅度提高肥料利用率，减轻劳动强度，降低生产成本，增加农民收入，是一项省工、省时、节本、增效的新技术。在小麦、玉米、棉花、花生种植区大面积推广缓控释肥种肥同播技术是现代农业发展的客观需求，这种"良种＋良肥＋良法"的生产方式是广大农民群众的迫切期待，具有重要意义。

缓控释肥是一种新型肥料产品，农民在使用过程中，存在认识和施肥方法的一些误区，影响了使用效果。因此在缓控释肥推广应用过程中，需要对农民进行使用方法和技术的指导。为达到更好的施肥效果，《缓控释肥种肥同播技术规程》已作为山东省地方标准（DB37/T 2554—2014）于2014年9月9日实施。本标准规定了缓控释肥种肥同播技术的相关术语和定义以及小麦、玉米、棉花、花生种植中使用机械进行种肥同播的技术参数和管理要求。

技术要求

1. 小麦玉米轮作种肥同播

（1）技术路线：小麦机械化联合收获→秸

秆还田覆盖→玉米缓控释肥种肥同播→镇压→田间管理→玉米机械化联合收获→秸秆粉碎还田覆盖→小麦缓控释肥种肥同播→田间管理→小麦机械化联合收获。

（2）品种选择：小麦、玉米品种应符合GB 4404.1《粮食作物种子 第1部分：禾谷类》的要求。采用单粒播种玉米种子的发芽率应达到95%以上。

（3）缓控释肥料的选择：肥料的养分含量和释放期等指标应符合HG/T 4215《控释肥料》或GB/T 23348《缓释肥料》的规定。缓控释肥施用量按照土壤肥力条件和目标产量，分别确定氮肥、磷肥和钾肥的施用量。

选用单养分肥料掺混。氮肥中50%～70%的N为包膜缓释或控释尿素，养分释放期2～3个月，30%～50%的N为普通大颗粒尿素，氮素用量可比常规计算施氮量少20%。将氮肥、磷肥、钾肥颗粒混合均匀。

选用小麦或玉米专用缓控释掺混肥。缓控释尿素的量应占总N量的50%～70%，养分释放期2～3个月，30%～50%的N为普通大颗粒尿素，氮素用量可比常规计算施氮量少20%，磷肥、钾肥用量仍按常规量施入。肥料颗粒均匀、无结块。

（4）种肥同播机机型选择：选择适宜的种肥同播机，应能调节播种量、播种深度、行距、株距，播肥量、播肥深度、肥料与种子之间的距离。

（5）玉米作业要求：施肥方式为种床侧位深施。玉米行距60厘米，株距18～25厘米，播种深度3～5厘米。种子与肥料的行数比为1:1，种肥水平距离10～15厘米，施肥深度≥15厘米。

（6）小麦作业要求：施肥方式为种床侧位深施。小麦大小行种植，大行距25厘米，小行距15厘米，播种深度2～4厘米，播种量为8～12千克/亩，晚播时适当增加播种量。种子与肥料的行数比为2:1，肥料施于大行正中央，种肥水平距离10～15厘米，施肥深度≥15厘米。

2. 棉花种肥同播

（1）品种选择：棉花品种应符合 GB 4407.1《经济作物种子 第 1 部分：纤维类》的要求。采用单粒播种棉花种子的发芽率应达到 95% 以上。

（2）缓控释肥料的选择：肥料的养分含量和释放期等指标应符合 HG/T 4215《控释肥料》或 GB/T 23348《缓释肥料》的规定。缓控释肥施用量按照土壤肥力条件和目标产量，分别确定氮肥、磷肥和钾肥的施用量。

选用单养分肥料掺混：氮肥中 60% ～ 70% 的 N 为包膜缓释或控释尿素，养分释放期 2 ～ 4 个月，30% ～ 40% 的 N 为普通大颗粒尿素，氮素用量可比常规计算施氮量少 20% ～ 30%。将氮肥、磷肥、钾肥颗粒混合均匀。钾肥也可选用包膜控释氯化钾与常规钾肥 1∶1 配合施用。

选用棉花专用缓控释掺混肥：缓控释尿素的量应占总 N 量的 60%～70%，养分释放期 2～4 个月，30%～40% 的 N 为普通大颗粒尿素，氮素用量可比常规计算施氮量少 20%～30%，磷肥、钾肥用量仍按常规量施入。钾肥也可选用包膜控释氯化钾与常规钾肥 1∶1 配合施用。肥料颗粒均匀、无结块。

（3）种肥同播机机型选择：选择适宜的种肥同播机，宜有喷雾和覆膜功能；应能调节播种量、播种深度、行距、株距，播肥量、播肥深度、肥料与种子之间的距离。

（4）作业要求：施肥方式为种床侧位深施。

（5）适应机采棉要求等行距种植：行距为 76 厘米，株距 25～35 厘米，播种深度 3～5 厘米。种子与肥料的行数比为 1∶1，种肥水平距离 10～15 厘米，施肥深度 ≥ 15 厘米。

（6）利用棉花种肥同播覆膜播种机大小行种植：大行距 100～120 厘米，小行距 50～60 厘米，株距 30～40 厘米，播种深度 3～5 厘米。种子与肥料的行数比为 1∶1，小行内施 2 行肥料，种肥水平距离 10～15 厘米，施肥深度 ≥ 15 厘米。

（7）注意事项：播种、施肥、喷除草剂和覆膜一次性完成。棉花生育期内不再追肥。

3．花生种肥同播

（1）品种选择：品种应符合 GB4407.2《经济作物种子 第 2 部分：油料类》的规定。采用单粒播种花生种子的发芽率应达到 95% 以上。

（2）缓控释肥料的选择：肥料养分含量和释放期等指标应符合 HG/T 4215《控释肥料》或 GB/T 23348《缓释肥料》的规定。缓控释肥施用量按照土壤肥力条件和目标产量，分别确定氮肥、磷肥和钾肥的施用量。

（3）选用单养分肥料掺混：氮肥中 50% ～ 70% 的 N 为包膜缓释或控释尿素，养分释放期 2 ～ 4 个月，30% ～ 50% 的 N 为普通大颗粒尿素，氮素用量可比常规计算施氮量少 20% ～ 30%。将氮肥、磷肥、钾肥颗粒混合均匀。钾肥也可选用包膜控释氯化钾与常规钾肥 1:1 配合施用。

（4）选用花生专用缓控释掺混肥：缓控释尿素的量应占总 N 量的 50% ～ 70%，养分释放期 2 ～ 4 个月，30% ～ 50% 的 N 为普通大颗粒尿素，氮素用量可比常规计算施氮量少 20% ～ 30%，磷肥、钾肥用量仍按常规量施入。钾肥也可选用包膜控释氯化钾与常规钾肥 1:1 配合施用。肥料颗粒均匀、无结块。

（5）种肥同播机机型选择：选择适宜的种肥

同播机，宜有喷雾和覆膜功能；应能调节播种量、播种深度、行距、株距，播肥量、播肥深度、肥料与种子之间的距离。

（6）作业要求：施肥方式为种床侧位深施。

（7）单行垄种：行距 35 ～ 45 厘米，株距 13 ～ 15 厘米，种子与肥料的行数比为 1:1，种肥水平距离 10 ～ 15 厘米，施肥深度 ≥ 15 厘米。

（8）利用花生种肥同播覆膜播种机大小行种植：大行距 40 ～ 45 厘米，小行距 25 ～ 30 厘米，穴距 15 ～ 18 厘米，每穴 2 粒，种子播种深度 3 ～ 5 厘米。种子与肥料的行数比为 2:1，肥料施于小行正中央，种肥水平距离 12 ～ 15 厘米，施肥深度 ≥ 15 厘米。

（9）注意事项：播种、施肥、喷除草剂和覆膜一次性完成。花生生育期内不再追肥。

（10）支撑材料：本技术已作为山东省地方标准 DB37/T 2554—2014《缓控释肥种肥同播技术规程》，于 2014 年 9 月 9 日实施。

第十章

缓控释肥鉴别的新方法

缓控释肥的定义与分类

缓控释肥料是指以各种调控机制使其养分最初释放延缓，延长植物对其有效养分吸收利用的有效期，使其养分按照设定的释放率和释放期缓慢或控制释放的肥料。

一般认为，所谓"释放"是指养分由化学物质转变成植物可直接吸收利用的有效形态的过程（如溶解、水解、降解等）；"缓释"是指化学物质养分释放速率远小于速溶性肥料施入土壤后转变为植物有效态养分的释放速率；"控释"是指以各种调控机制使养分释放按照设定的释放模式（释放率和释放时间）与作物吸收养分的规律相一致。因此，生物或化学作用下可分解的有机氮化合物（如脲甲醛）肥料通常被称为缓释肥，而对生物和化学作用等因素不敏感的包膜肥料通常被称为控释肥。

根据其生产过程，缓控释肥料主要有两个类型：①化成型微溶有机氮化合物，主要是尿素和醛类的缩合物——脲醛缓释肥料；②包膜肥料，是物理障碍性因素控制的水溶性肥料，通过造粒、包覆、涂层、负载等物理手段，减缓和控制养分的释放速率。包膜肥料养分组合方便，可实现多品种控释肥料的生产。

过去缓释肥料和控释肥料没有法定的区别，美国植物食品管理机构协会（AAPFCO）也在其官方术语和定义中使用缓控释肥这个概念。中国首次在 GB/T 23348—2009《缓释肥料》和 HG/T 4215—2011《控释肥料》中对缓释肥料和控释肥料在定义上做出了明确区分：缓释肥料是一种通过养分的化学复合或物理作用，使其对作物的有效态养分随着时间而缓慢释放的化学肥料。控释肥料是一种能按照设定的释放率（%）和释放期（天）来控制养分释放的肥料。

在由中国主导制定的 ISO 国际标准《控释肥料》和国际标准《肥料名词术语》中，也对缓释肥料和控释肥料在定义上做出了明确区分。

控释肥料发展的终极目标是使肥料在土壤中的养分释放、土壤对作物的养分供应与作物各生育期对养分的吸收相同步。因此，绝大部分控释肥料是聚合物包膜肥料，因为聚合物包膜肥料可按照设定的释放率（%）和释放期（天）来控制养分释放，从而达到与作物各生育期对养分的吸收相同步。

影响缓控释肥养分释放的主要因素

1. 包膜材料

目前生产上广泛应用的包膜材料有无机材料和有机材料，无机材料主要是硫黄，有机膜材料主要是树脂类高分子聚合物。由于不同有机聚合物形成的膜结构和透水性不同，同样膜厚度的肥料，透性强的树脂包膜的肥料养分释放的速度要比透性弱的树脂快。因此，可以通过调节不同膜材料的比例组合来调节包膜肥料的释放速率。

2. 包膜厚度

包膜的厚度直接影响养分的释放速率和释放量，因此缓控释作用和效果主要依靠包膜的厚度来实现。同一种包膜材料，膜层越厚，养分包裹越严密，则施入土壤后释放速度越慢，缓释期越长。包膜的厚度可根据不同作物、不同生育时期的需肥规律来设计，通常是经过大量肥效试验而确定的。也就是说，包膜的厚度和包膜的均匀度决定着包膜肥料的缓控释效果与施用效果，也是缓控释肥生产的关键技术之一。

3. 膜孔的大小和数量

在包膜材料和包膜厚度相同的情况下，决定缓控释肥料养分释放速度和释放量的主要因素之一是膜孔的大小和数量。膜孔越大数量越多，膜内养分向膜外释放的道路就越畅通，释放的速度就越快，释放的养分数量也就越多；反之，释放的速度就越慢，释放量也相应地减少。因此，生产不同作物不同生长期的缓释肥时，应设计相应的包膜厚度和膜孔的大小与数量，可以通过在膜材料中加入不同数量和比例的开孔剂或密封剂来调节膜孔的大小和数量，以调节养分释放率的快慢，保证缓控释肥的质量和施用效果。

4. 土壤温度

土壤温度也是影响缓释肥养分释放速率和释放量的主要因素之一。土壤温度高，膜层受高温的影响，包膜材料受热膨胀，膜层松弛，膜孔放大，养分外溢的通道就变得顺畅，同时温度升高也是膜内养分离子或分子热运动加快，因而加速了养分的溶解和释放，养分的释放速度就快，释放量就大。我国冬小麦生育期约 8 个月，较夏玉米、棉花、花生等作物的生育期长，但是生产缓释肥时应考虑到小麦越冬期间温度很低，肥料养分释放很少甚至不释放，因而小麦专用缓释肥的控释期一般设计为 25℃ 静水中释放期 3 个月左右即可在小麦生育期内的土壤中释放 6～8 个月。

5. 土壤湿度

土壤水分含量是影响包膜控释肥养分释放的直接因素，但其释放速率是受膜内外水汽压的控制，只要土壤孔隙中的水汽达到饱和状态，包膜控释肥养分就会释放，土壤中的水分在作物的凋萎系数之上，土壤中的水汽就在饱和状态，其释放速率就只受土壤温度的影响，而不受水分含量大小的影响，也就是说，在土壤中水汽压达到饱和的情况下释放率与土壤的含水量无关。例如，在相同土温下，同一种控释肥在水稻田饱和土壤水中的释放期与在玉米田不饱和土壤水中的释放期是相同的。但如果控释肥施在风干土层中，就会影响其释放。例如，如果在玉米种肥同播时控释肥播的太浅（如深度＜5 厘米），如遇干旱或中耕锄地时，可能使控释肥处于表土层上部的风干土中，就不能处于饱和水汽压状态下，养分释放就会受阻或停滞，这时玉米根系下扎处于含水量较高的土层中而未发生凋萎，但表土层上部的土壤可能已在风干状态，包膜控释肥如果施的太浅，就可能处在此土层中。因此，旱田作物施用控释肥尤其是种肥同播要将控释肥施在较深的土层中

（一般在 10 ～ 15 厘米深度），才能获得理想的施用效果。

6. 其他土壤因素

在作物生长期内，土壤酸碱度、微生物区系等土壤生物化学条件等对树脂包膜控释肥的膜性质不会产生较大影响，只有土壤温度和水分条件可以影响控释肥包膜的水分渗透率从而改变养分的溶出速率。树脂包膜控释肥料仅受温度变化和水汽压的控制。因此，可以通过调整膜厚度、膜材料、添加剂、不同粒径颗粒等的比例与组合，达到使控释肥释放与作物吸肥规律相同步，尤其是使控释肥释放率的高峰期与作物吸肥的高峰期相吻合，解决了控释肥养分释放速率与作物生长吸肥规律相一致的技术难题。

缓控释肥养分释放特征

　　包膜控释肥无论对室内、室外、盆栽、苗圃、花园、水培、沙培、土培的花卉、蔬菜、草坪、果树、林木以及大田中的农作物等都是一种理想和完美的控释长效肥料。这种由聚合物树脂包膜的颗粒控释肥料施用后，土壤或基质中的水分使膜内颗粒吸水膨胀，并缓慢溶解，扩散到膜外，将在设定的时间里持续不断地释放养分。其释放速率受膜内外水汽压的控制，与土壤或基质的温度呈正相关，但在土壤或基质中水汽压达到饱和的情况下与土壤或基质的含水量无关。由于养分扩散的驱动力是温度和膜内外的浓度梯度，因此，当温度升高时，植物生长加快，包膜控释肥释放速率也随之加快；当温度降低时，植物生长变缓或休眠时，包膜控释肥也随之变慢或停止释放；另外，作物吸收养分多时，控释肥颗粒膜外侧浓度下降也快，造成膜内外浓度梯度增大，控释肥释放速率也就加快，从而也使其养分释放模式与作物需肥规律相一致，使营养元素发挥了最大的肥效或利用率。包膜控释肥源源不断地按照植物的需要供给直接有效的养分，促使植物叶色和花色更鲜艳，植株更加健壮，籽粒或果品品质更好。普通化肥的养分释放迅速，施用后使植物处在烧根、烧苗的危险之中。相比之下，缓控释肥显示出其得天独厚的优势，不仅施用一次可根据植物的需要持续不断地供给养分达 2 ～ 12 个月，而且对植物安全，不会造成烧根、烧苗，并易于保存，使用方便。

缓控释肥应用优势

1. 提高养分利用率

在粮、棉、油、蔬菜、果树等几十种作物上的试验示范结果表明，缓控释肥与养分含量相同的普通化肥相比，显著提高了肥料利用率，一般氮肥利用率提高 10 ～ 15 个百分点，相对提高 30% ～ 50%。在获得相同产量和品质的情况下，可以减少 1/3 的肥料施用量。提高肥料利用率的原因主要有两个：一是缓控释肥可以应用于作物根际。肥料施在根际，可有效提高肥料的利用率。然而，若尿素、氯化钾等速效性肥料集中施于根际，会使根区土壤溶液浓度过高，土壤溶液渗透压增大，阻碍土壤水分向根内渗透，导致农作物因缺水而烧种、烧苗或抑制生长。缓控释肥能够根据作物生长发育不同时期的需肥量来调节和控制其养分的释放速率，并不断地补充作物生长发育所需的营养元素，可以做到近根施肥，克服上述肥料近根施肥的弊端，从而提高肥料利用率。二是缓控释肥可以减量施用不减产，有效解决了肥料利用率随施肥水平的提高而降低的问题（报酬递减率）。在一定范围内，单位面积的作物产量随施肥量的增加而增加，而养分的施用量愈多，单位养分使产量增加的数量愈少，即施肥量与产量之间呈报酬递减的关系，再增加施肥量，增产幅度很小，甚至会减产。包膜控释肥能够有效减少养分的地表径流、淋失和氮素挥发，可以大大减少肥料的施用量，从而显著提高肥料的利用率。既节约了肥料资源，又提高了施肥报酬率。

2. 提高作物产量

多年来在粮食、油料、蔬菜、果树、经济作物等 30 余种作物上进行盆栽试验、小区试验、大田试验和示范，均收到显著的增产增收效果。在临沂市河东区后坊坞村进行的水稻试验增产 25.3%；在龙口市君丰农场进行的玉米试验增产 37.5%；在山东农业大学试验基地进行的试验中，小麦增产 24.9%、番茄增产 55.4%、大白菜增产 21.3%、大蒜增产 29.3%；龙口市温室大棚草莓增产 40.7%；泰安市祝阳镇横岭村苹果增产 40.3%、杏增产 12.2%。由中国农业科学院土壤肥料研究所主持、各省农业科学院土壤肥料研究所参加的缓控释肥全国试验的结果表明，单独施用控释尿素同样能收到增产增收的效果。控释尿素全量与普通尿素全量比较，水稻平均增产 5.7%，每千克纯氮使稻谷增产 2.8 千克；小麦平均增产 11.7%，每千克纯氮使小麦增产 4.8 千克；玉米平均增产 7.6%，每千克纯氮使增产 3.6 千克；油菜增产 1.9%，每千克纯氮使油菜增产 0.6 千克。缓释尿素全量的 70% 与普通尿素全量的 70% 比较试验，水稻平均增产 7.4%，每千克纯氮使水稻增产 4.6 千克；小麦平均增产 8.4%，每千克纯氮使小麦增产 4.5 千克；玉米平均增产 11.4%，每千克纯氮使玉米增产 6.7 千克。一般情况下，在增产的同时，显著改善了作物的品质。

3. 保护生态环境

推广缓释肥有利于改善过量施用化学肥料而造成的土壤质量退化、作物品质下降、地下水污染、水体富营养化、农业环境承载能力降低等诸多问题。试验结果表明，施用缓释肥能够大大减少氮肥的挥发损失。采用全程密闭通气法，在 pH 值为 5.0 的棕壤土和 pH 值为 8.1 的石灰性土壤中，表施控释肥、普通尿素和复合肥，在土壤含水量为田间最大持水量 70% 的室温条件下，经过 26 天连续挥发。测定结果表明，未包膜的尿素挥发出的铵态氮最多，其次是不包膜的复合肥，而包膜的缓释肥挥发量很少，证明施用缓释肥能够极显著地减少氮肥的挥发损失。肥料中的氮或是以铵态氮的形式挥发，或是以 NO_2 和 N_2 的形式逸出。缓控释肥能有效抑制氮的挥发，减轻氮对大气环境和水体的污染，保护生态环境。

4. 避免或减轻烧种和烧苗现象

目前生产上应用的复合肥，多为高浓度的化学肥料。常用的尿素和磷酸二铵等速效化学肥料，养分浓度较高。将它们作为种肥或近根施用，往往会导致作物根系养分浓度过高，土壤溶液渗透压增加，阻止土壤水分向根内渗透，出现烧种和烧苗现象，导致缺苗断垄而减产，这是农业生产上经常出现的问题。肥料作为种肥或近根施用，可以有效提高肥料利用率，如果有一种肥料能够避免或大大减轻高浓度化学肥料作为种肥或近根施用所出现的烧种、烧苗现象，将是肥料生产上的一次创新。包膜控释肥的核芯肥料虽然也多为高浓度化学肥料，但包膜后养分释放缓慢，相对地使种子或幼苗周围的养分浓度变低，即通过人为设计，在种子出苗或幼苗期不释放或很少释放养分，从而避免或减轻作物烧种、烧苗现象。

5. 经济效益显著

自 20 世纪 50 年代缓释肥在美国问世以来，美国、德国、加拿大、日本等国先后进行了工业化生产。但由于成本过高和技术复杂等因素，其价格为普通肥料的 3 ～ 8 倍，被称为贵族肥料，主要用于园林、花卉、草坪等植物，很难用于粮食等大田作物，限制了缓控释肥的推广。我国在研发缓控释肥时，十分重视经济效益，尽可能降低生产成本，使之符合我国农业生产的实际，在粮食等大田作物上能够得到广泛推广。目前我国缓释肥的价格虽高于普通肥料，但远远低于国际市场的价格，具有很强的市场竞争力。

在粮食作物上应用，缓控释肥有效提高了肥料利用率，大大减少了肥料施用量，每亩可以节约肥料投资和因减少施肥次数而节省追肥用工，节省 100 元左右。由于缓控释肥价格低廉，经济效益显著，在目前对农业清洁生产、食品品质安全和生态环境越来越重视的情况下，控释肥料将逐渐受到农民朋友的欢迎和喜爱，因此控释肥料的市场前景非常广阔。

目前在多种作物上的盆栽和田间试验都已经证明，缓控释肥料在水稻、玉米、小麦、花生、番茄、辣椒、大蒜、白菜、马铃薯、杏、葡萄、苹果等多种作物上都具有比普通化肥显著的增产作用，可提高氮肥利用率30% ～ 50%，在获得作物相同产量和品质的情况下，可减少 1/3 ～ 1/2 的肥料施用量。一季作物一次施肥，省工省时，经济效益高。同时减少了挥发、淋失及反硝化作用等肥料的损失，降低了施肥对环境的污染程度，具有显著的经济、社会和生态效益。

缓控释肥产品质量标准

缓释肥料产品标准

GB/T 23348—2009《缓释肥料》于2009年9月1日开始实施，对缓释肥料产品规定了如下要求。

1. 缓释肥料产品质量要求

缓释肥料产品外观为颗粒状产品，无机械杂质。缓释肥料产品应符合表1的要求，同时应符合包装标明值的要求。

表1 缓释肥料的要求

项　目[i]		指　标	
		高浓度	中浓度
总养分（$N+P_2O_5+K_2O$）的质量分数[a,b]（%）	≥	40.0	30.0
水溶性磷占有效磷的质量分数[c]（%）	≥	60	50
水分（H_2O）的质量分数（%）	≤	2.0	2.5
粒度（1.00～4.75毫米或3.35～5.60毫米）（%）	≥	90	
养分释放期[d]（月）	=	标明值	

（续表）

项 目[i]		指 标	
		高浓度	中浓度
初期养分释放率[e]（%）	≤	15	
28天累积养分释放率[e]（%）	≤	80	
养分释放期的累积养分释放率[e]（%）	≥	80	

　　a. 总养分可以是氮、磷、钾3种或其中2种之和，也可以是氮和钾中的任何一种养分。

　　b. 三元或二元缓释肥料的单一养分含量不得低于4.0%。

　　c. 以钙镁磷肥等枸溶性磷肥为基础磷肥并在包装袋上注明为"枸溶性磷"的产品、未标明磷含量的产品、缓释氮肥以及缓释钾肥，"水溶性磷占有效磷的质量分数"这一指标不做检验和判定。

　　d. 应以单一数值标注养分释放期，其允许差为25%。如标明值为6个月，累积养分释放率达到80%的时间允许范围为6个月 ±45天；如标明值为3个月，累积养分释放率达到80%的时间允许范围为3个月 ±23天。

　　e. 三元或二元缓释肥料的养分释放率用总氮释放率来表征；对于不含氮的缓释肥料，其养分释放率用钾释放率来表征。

　　i. 除表中的指标外，其他指标应符合相应的产品标准的规定，如复混肥料（复合肥料）、掺混肥料中的氯离子含量、尿素中的缩二脲含量等。

2. 部分缓释肥料产品质量要求

部分缓释肥料（缓释掺混肥料）的释放性能应符合表 2 的要求，同时应符合包装标明值和相应国家或行业标准的要求。

表 2　部分缓释肥料的要求

项　目	指　标
缓释养分量[a]（％）	≥ 标明值
缓释养分释放期（月）	= 标明值
缓释养分 28 天的累积养分释放率（％）	≤　80
缓释养分释放期的累积养分释放率（％）	≥　80

　　a. 缓释养分为单一养分时，缓释养分量应不小于 8.0％，缓释养分为氮和钾两种时，每种缓释养分量应不小于 4.0％

3. 缓释肥料标识要求

（1）产品名称是已有国家标准或行业标准的核芯肥料名称前加上"缓释"或"包膜缓释"等字样。

（2）应在包装袋上表明总养分含量、配合式、养分释放期、缓释养分种类、第 7 天、第 28 天和标明释放期的累积养分释放率（应以单一数值表明），模拟养分释放期的温度（100℃和 40℃两者之一）和模拟试验时累积养分释放率达到80℃所需要的时间，核芯肥料为许可证产品的还应标注生产许可证号，其余应符合 GB 18382《肥料标识内容和要求》的规定。

（3）产品使用说明书应印刷在包装袋反面或放在包装袋中，其内容包括：产品名称、以配合式的形式标明养分含量、养分释放期、使用方法、储存、使用注意事项等，编写应符合 GB 9969《工业产品使用说明书》的规定。

（4）包装容器上标有缓释字样的部分缓释肥料应标明缓释养分的种类和相应的缓释养分量。其余标识与本"缓释肥料标识要求"中（2）、（3）的要求相同。

（5）每袋净含量应标明单一数值，如50千克。

4. 缓释肥料包装、运输和储存要求

（1）50千克、40千克、25千克、10千克、5千克规格的产品包装材料应按 GB 8569《固体化学肥料包装》中对复混肥料产品的规定进行，1 000克、500克、250克、100克规格的产品，可用袋装或袋子外面加纸盒包装，允许的短缺量为净含量的1%，平均每袋（盒）净含量分别不低于50.0千克、40.0千克、25.0千克、10.0千克、5.0千克、1 000克、500克、250克和100克。

（2）在标明的每袋净含量范围内的产品中有添加剂时，必须与原物料混合均匀，不得以小包装形式放入包装袋中。

（3）宜使用经济实用型包装。

（4）产品应储存于阴凉干燥处，在运输过程中应防潮、防晒、防破损。

控释肥料的质量要求

HG/T 4215—2011《控释肥料》于 2012 年 7 月 1 日开始实施，对控释肥料产品规定了如下要求。

1. 控释肥料产品质量要求

控释肥料产品外观为颗粒状产品，无机械杂质。控释肥料产品应符合表 3 和包装标明值的要求，除表中的指标外，其他指标应符合相应的产品标准的规定，如复混肥料（复合肥料）、掺混肥料中的氯离子含量、尿素中的缩二脲含量等。

表 3　控释肥料的要求

项　目		指　标	
		高浓度	中浓度
总养分（$N+P_2O_5+K_2O$）的质量分数 [a,b]（%）	≥	40.0	30.0
水溶性磷占有效磷的质量分数 [c]（%）≥		60	50

（续表）

项目	指标	
	高浓度	中浓度
水分（H_2O）的质量分数 d（%） ≤	2.0	2.5
粒度（1.00～4.75 毫米或 3.35～5.60 毫米）（%） ≥	90	
养分释放期 e（天） =	标明值	
初期养分释放率 f（%） ≤	12	
28 天累积养分释放率 f（%） ≤	75	
养分释放期的累积养分释放率 f（%）≥	80	

a. 总养分可以是氮、磷、钾三种或两种之和，也可以是氮和钾中的任何一种养分。

b. 三元或二元控释肥料的单一养分含量不得低于 4.0%。

c. 以钙镁磷肥等枸溶性磷肥为基础磷肥并在包装袋上注明为"枸溶性磷"的产品、未标明磷含量的产品、控释氮肥以及控释钾肥，"水溶性磷占有效磷的质量分数"这一指标不做检验和判定。

d. 水分以出厂检验数据为准。

e. 应以单一数值标注养分释放期，其允许差为 20%。如标明值为 180 天，累积养分释放率达到 80% 的时间允许范围为（180±36）天；如标明值为 90 天，累积养分释放率达到 80% 的时间允许范围为（90±18）天。

f. 三元或二元控释肥料的养分释放率用总氮释放率来表征；对于不含氮的控释肥料，其养分释放率用钾释放率来表征。

2. 部分控释肥料产品质量要求

部分控释肥料（控释掺混肥料）的控释性能应符合表4的要求，同时应符合包装标明值和相应国家或行业标准的要求。

表4 部分控释肥料的要求

项 目		指 标
总养分（$N+P_2O_5+K_2O$）的质量分数（%）	≥	35.0
控释养分量[a]（%）	≥	标明值
控释养分释放期（天）	=	标明值
控释养分28天的累积养分释放率（%）	≤	75
控释养分释放期的累积养分释放率（%）	≥	80

a. 控释养分为单一养分时，控释养分量应不小于8.0%，控释养分为氮和钾两种时，每种控释养分量应不小于4.0%。

3. 控释肥料标识要求

（1）产品名称应是已有国家标准或行业标准的核芯肥料名称前加上"控释"字样。

（2）应在包装袋上标明总养分含量、配合式、养分释放期、控释养分种类、第7天、第28天和标明释放期的累积养分释放率（应以确定数值标明），模拟养分释放期的温度（100℃或60℃）和模拟试验累积养分释放率达到80%所需要的时间，北方地区和越冬作物宜标注15℃的养分释放期。实行生产许可证管理的产品应标注生产许可证号。

（3）产品使用说明应印刷在包装袋背面，其内容包括：产品名称、施用方法、主要适用作物和区域、储存与注意事项等。

（4）包装容器上标有控释字样的部分控释肥料应标明控释养分的种类和相应的控释养分量。其余标识与上述①、②的要求相同。

（5）每袋净含量应标明单一数值，如50千克。

4.控释肥料包装、运输和储存要求

（1）50千克、40千克、25千克、10千克、5千克规格的产品包装材料应按GB8569中对复混肥料产品的规定进行，1 000克、500克、250克和100克规格的产品可采用外包装为纸箱，内包装为塑料袋的组合包装，允许的短缺量为净含量的1%，平均每袋（箱或盒）净含量分别不低于50.0千克、40.0千克、25.0千克、10.0千克、5.0千克、1 000克、500克、250克和100克。

（2）在标明的每袋（箱或盒）净含量范围内的产品中有添加物时，必须与原物料混合均匀，不得以小包装形式放入包装袋中。

（3）宜使用经济实用型包装。

（4）产品应储存于阴凉干燥处，在运输过程中应防潮、防晒、防破损。

鉴定缓控释肥的简易方法

缓控释肥料施用效果好，省工省时，增产幅度大，深受农民的欢迎。但受利益的驱使，常有一些厂家生产伪劣缓控释肥，导致缓控释肥鱼龙混杂，扰乱了化肥市场，使许多农民和用户上当受骗，造成不应有的损失。由于目前市场上销售的缓控释肥料以包膜肥料为主，下面介绍鉴别真假包膜缓控释肥的简易方法。

鉴别全包膜缓控释肥的简易方法

一般应用目测的方法就可以鉴别，可以将包膜肥料用刀片切成两半，放入清水中，核芯肥料（尿素或复合肥等）很快溶解，可以看到膜壳漂浮在水中，这是真正的包膜肥料。如果在水中看不到膜壳出现，就可判断这不是真正的包膜肥料。如果包膜肥料切开或剥去外壳放于清水中也不溶解的，也可判断是劣质的或假的缓／控释肥料。

但也不能根据颗粒的颜色辨别有无包膜，有些厂家仿冒包膜肥料膜壳的颜色，把普通尿素或复合肥颗粒染上与包膜肥料膜壳相同的颜色。如果放入清水中，这些肥料会快速脱色，使水染上颜色或水质浑浊，那么这不是缓控释肥料，真正的包膜缓控释肥料的膜壳颜色是不会脱色的。

确定了包膜肥料之后，还需鉴别这种包膜的缓控释性能，即鉴定颗粒肥料外面的膜是否包裹完整、膜的厚度和膜的透水性是否达到缓控释肥的要求。

可以取少量的包膜肥料样品放到水里，最好是热水里，速效肥很快就能溶解，而真正的包膜控释肥料溶解的很少，在水里泡一天以后，溶解出的养分释放率不能超过 15%。

要鉴定真正的缓控释肥料，还需要将包膜肥料泡在水里至少要在 28 天以上，在 28 天之后至少还有 20% 以上的包膜肥料养分没有全部释放完，这样才能达到缓控释肥料的最低要求。如果标明的释放期是 3 个月或 4 个月，在 28 天时，包膜肥料的养分释放只能是 1/3 或 1/4，也就是说还有 2/3 或 3/4 的养分仍留在包膜肥料的膜内，用手拿起来捏一下可以感觉出肥料的剩余部分仍在膜壳内，也可以用刀片切开包膜仍可以看到剩余的肥料成分。否则，包膜材料的透性太强或包膜的厚度太薄，肥料养分释放得太快，达不到上述要求的话，就不是真正的缓控释肥料。

鉴别掺混型部分包膜缓控释肥的简易方法

掺混型缓控/释肥料（缓控释 BB 肥）在通常情况下，包膜的这部分缓控释肥料所占的比例不小于 25%，其他是常规速效肥料，可将其中的缓控释包膜肥料的颗粒分拣出来，分拣时可以数出 100 个颗粒，看拣出的包膜颗粒是否在 25 个以上，拣出来的包膜颗粒肥料可以按照上述鉴别全包膜缓控释肥的方法和步骤来鉴别。

也可取一部分掺混型缓控/释肥料样品，浸泡在水里，大约 10～20 分钟，待其中的速效肥料全部溶解完以后，将溶解的溶液全部倒出来，剩余的包膜肥料再按照以上鉴别全包膜缓控释肥的方法和步骤来鉴别是否符合缓控释肥料的基本要求。当然，最好的方法还是送到有关部门或单位的化验室分析化验，确定是否伪造的或劣质的缓控释肥料。